AF455609

RÉSUMÉS DE SCIENCES NATURELLES

Classes de Philosophie et de Mathématiques
(Programmes du 3 Juin 1925)

Anatomie et Physiologie Animales

PAR

J. LEMARCHANDS
DOCTEUR ÈS SCIENCES
PROFESSEUR AGRÉGÉ AU LYCÉE AMPÈRE (LYON)

CAHORS
IMPRIMERIE TYPOGRAPHIQUE A. COUESLANT
(Personnel intéressé)

1929

ANATOMIE ET PHYSIOLOGIE ANIMALES

Première leçon

LA CELLULE

Description. — Unité morphologique de l'immense majorité des êtres vivants ; polyèdre microscopique (8 à 200 μ).

Constitution. — PROTOPLASME : partie fondamentale; gelée vivante composée essentiellement de matières albuminoïdes, d'acides aminés, de phospholipides, d'eau, renfermant des inclusions variées (glycogène, graisses, urée, acide lactique, etc. Les éléments essentiels en sont : C, H, O, Az, S, P, et aussi Cl, Br, I. As ; Na, K, Mg, Ca, Fe, Mn). La plupart des constituants cellulaires (graisses et sucres exceptés) sont à l'état colloïdal (grains de 1 à 10 μμ), non osmosables.

MEMBRANE : albuminoïde, permet les échanges intercellulaires, parfois absente (cellule hépatique, nerveuse).

NOYAU : petite sphère, plus réfringente que le protoplasme, enveloppée d'une membrane, formée de nucléo-protéides (riches en P), de suc nucléaire renfermant à un état diffus la chromatine ; parfois absent (globules rouges du sang). Rôle important dans la nutrition cellulaire.

Propriétés. — La cellule est une unité vivante ; elle est sensible, se meut, se nourrit, se multiplie, évolue et meurt.

SENSIBILITÉ : décelée par les mouvements (*tactismes*) des cellules isolées en réponse à des excitations variées : phototactisme des Euglènes, chimiotactisme des globules blancs du sang, mouvements des amibes sous l'influence de la chaleur, de la lumière, etc.

MOUVEMENT : bien visible chez les cellules isolées (Amibe, Euglène, globules blancs ; mouvements d'ensemble : contraction des cellules musculaires).

NUTRITION : observable directement chez l'amibe, digérant des particules alimentaires, existe chez toutes les cellules (diastases digestives nombreuses). La cellule est un laboratoire où s'accomplissent les réactions les plus variées : combustion des aliments, élaboration des déchets (urée, CO^2) ; formation des réserves (graisses, glycogène) ; toutes ces réactions sont facilitées par l'extrême division des composants cellulaires résultant de l'état colloïdal des albumines, de l'émulsion des graisses, de la solution des sucres.

Multiplication. — Division de la cellule en deux fragments.

DIVISION DIRECTE : Simple fragmentation en deux parties des éléments cellulaires, assez rare (Amibe).

DIVISION INDIRECTE OU CARYOKINÈSE (rôle actif du noyau), très répandue.

1. Apparition des sphères directrices au voisinage du noyau, du filament chromatique dans le noyau dont la membrane disparaît.
2. Division du filament chromatique en *chromosomes*; stries protoplasmiques.
3. Disposition des chromosomes suivant le plan équatorial, division longitudinale des chromosomes.
4. Migration respective de chaque groupe de chromosomes vers la sphère directrice correspondante, réunion en deux filaments chromatiques, apparition des membranes nucléaires, de la membrane de séparation. Formation définitive de deux cellules restant associées (animaux multicellulaires) ou se séparant (animaux monocellulaires).

Evolution. — La cellule grandit, vit et meurt. La cellule morte est rejetée (cellules de l'épiderme, p. ex.).

Deuxième leçon

LES TISSUS

Définition. — Assemblage de cellules ayant le plus souvent la même forme et contribuant à l'accomplissement d'une fonction déterminée.

Origine. — Division de l'œuf, formation de la *morula* (sphère pleine), de la *blastula* (sphère creuse), de la *gastrula* (deux feuillets cellulaires : ectoderme, endoderme). Certains animaux s'arrêtent et se perfectionnent à ce stade d'évolution (Eponges, Polypes et Méduses). Dans la plupart des autres, un troisième feuillet intermédiaire : le mésoderme, apparaît. De ces trois feuillets les tissus dérivent par la multiplication des cellules et leur spécialisation. L'épiderme, le système nerveux sont ectodermiques ; le système digestif, le foie, le pancréas, le cœur, les poumons sont endodermiques ; les os, les muscles, le sang proviennent du mésoderme.

Variétés. — 1° Epithélium : Tissu à cellules contiguës, peu différenciées. Ex. : épithélium simple des vaisseaux sanguins, de la trachée ; épithélium glandulaire (glandes simples de l'intestin, digitées de l'estomac, en grappe des glandes salivaires), épiderme stratifié de la peau.

2° Tissu nerveux : Cellules nerveuses ou neurones : corps cellulaire et deux variétés de prolongements (dendrites, cylindraxe). Cellules multipolaires (hémisphères), bipolaires (organes des sens), unipolaires (ganglion spinal).

3° Tissu musculaire : Cellule ou fibre musculaire : protoplasme divisé en fibrilles musculaires longitudinales striées ou non ; noyau fragmenté.

4° Tissus conjonctifs : Les cellules sont séparées par une substance dite interstitielle ou fondamentale.

a) Tissu conjonctif proprement dit : Ex. : tissu sous-cutané : cellules étoilées, fibres conjonctives épaisses; fibres élastiques, fines et nombreuses; le tissu adipeux et le tissu fibreux (tendons) en dérivent.

b) Tissu cartilagineux : Cellules arrondies, matière interstitielle organique, imprégnée de sels calcaires (3 0/0).

c) Tissu osseux : Cellules étoilées, substance interstitielle formée d'osséine organique (40 0/0), de sels calcaires (60 0/0). Les sels sont formés de phosphate de chaux (87 0/0), phosphate de magnésie, carbonate de chaux (8 à 10 0/0).

d) Tissu sanguin : Cellules : globules rouges et blancs. Matière interstitielle : plasma ; dissolution aqueuse de sels minéraux (chlorures, phosphates de Na, Ca, K), de matières organiques (sucre, albumine, urée, etc.), de gaz (CO^2, N).

Troisième leçon

FONCTIONS DE RELATION

Les fonctions de relation mettent l'organisme humain en rapport avec le milieu ambiant ; elles comprennent la sensibilité assurée par les organes des sens et le système nerveux, la locomotion assurée par l'appareil locomoteur (muscles et os).

LA LOCOMOTION, LE SQUELETTE

Définition. — Le squelette formé d'organes durs : les os, représente la partie passive et solide de l'appareil locomoteur.

Description. — Un axe : la colonne vertébrale, auquel s'ajoute le squelette de la tête, du thorax, des ceintures, des membres (208 os au total).

Colonne vertébrale : 33 vertèbres avec disques intervertébraux. La *vertèbre* : corps, apophyses (neurale, transverses), facettes articulaires, canal rachidien, trous de conjugaison, 7 vertèbres cervicales (atlas, axis), 12 vertèbres dorsales (côtes), 5 vertèbres lombaires développées, 5 vertèbres sacrées soudées (sacrum), 4 vertèbres coccygiennes rudimentaires soudées (coccyx).

Cage thoracique : sternum, 12 paires de côtes, 7 paires rattachées directement au sternum par des ligaments, 3 paires rattachées au ligament de la 7e, 2 paires flottantes.

Ceinture supérieure (scapulaire) : 2 omoplates postérieures (apophyse coracoïde, acromion, cavité glénoïde), 2 clavicules antérieures allant du sternum à l'acromion.

Ceinture inférieure (pelvienne) : 2 os du bassin (iliaques), chacun constitué par l'ilion (hanche), l'ischion postérieur, le pubis antérieur. Cavité cotyloïde.

Bras : humérus, radius (articulé au poignet), cubitus (olécrane) ; 8 os du poignet (carpe) ; 5 os de la paume (métacarpe) ; 5 doigts (3 phalanges, sauf au pouce : 2).

Jambe : fémur, tibia et péroné (cheville externe), rotule, 7 os au cou-de-pied (tarse), (astragale, calcanéum : talon) ; 5 os de la plante (métatarse), 5 orteils (pouce non opposable).

Tête : *Crâne* : 1 frontal, 2 pariétaux, 1 occipital (condyles et trou occipital), 2 temporaux (écaille, rocher et cavité auditive, arcade zygomatique), 1 ethmoïde (lame criblée, lame perpendiculaire, cornets supérieur et moyen), 1 sphénoïde complexe. *Face* : 2 lacrymaux, 2 nasaux, 1 vomer, 2 malaires (pommettes), 2 cornets inférieurs, 2 maxillaires supérieurs, 2 palatins, 1 maxillaire inférieur.

Quatrième leçon

LE SQUELETTE (suite)

Articulation des os. — Type rigide ou suture : os craniens ; type demi-mobile ou symphise (vertèbres) ; type mobile (os des membres), ex. : articulation fémorale, parties fixatrices (ligament, capsule articulaire), parties articulaires (surfaces cartilagineuses lisses, séreuse synoviale et synovie).

Structure des os. — 1° *Os longs,* partie osseuse : diaphyse dure, épiphyses spongieuses ; cavité médullaire et moelle ; périoste.

Substance osseuse : Canaux de Havers longitudinaux (0 mm. 2 de diamètre), lamelles osseuses concentriques creusées de cavités renfermant les cellules osseuses étoilées. Vaisseaux sanguins et filets nerveux.

Moelle : tissu conjonctif riche en graisse, avec vaisseaux sanguins et nerfs pénétrant par les trous de conjugaison de la diaphyse ; cellules migratrices origine des globules sanguins.

Périoste : membrane conjonctive, très adhérente, épaisse de 2 mm., autour de la diaphyse.

2° *Os plats et ronds* : formés d'une partie spongieuse entourée d'os compact.

Composition chimique de la substance osseuse. — Osséine organique (33 0/0), sels minéraux (66 0/0) formés de phosphate tricalcique (85 0/0), carbonate de chaux (9 0/0), phosphate de magnésium, fluorure de calcium.

Evolution de l'os. — 1° Etat muqueux : simple tissu conjonctif ; 2° Etat cartilagineux : sécrétion par les cellules de la substance interstitielle dure (chondrine) ; 3° Etat osseux : destruction progressive du cartilage, sécrétion par les ostéoblastes de l'osséine et des sels calcaires à partir des points d'ossification. Les os du crâne (os de membrane) ne passent pas par l'état cartilagineux.

Accroissement en longueur. — Les centres d'ossification laissent entre eux des cartilages de conjugaison dont les cellules en se multipliant déterminent la croissance en longueur de l'os ; à ce cartilage, l'os se substitue progressivement. Les cartilages de conjugaison sont ossifiés totalement vers l'âge de vingt ans.

Accroissement en épaisseur. — Epaississement par adjonction sur la face externe de l'os de couches osseuses formées par le périoste. Rôle du périoste prouvé par les expériences de Duhamel (1740). Nourriture colorée par de la garance et nourriture non colorée données alternativement à des lapins ou à des porcs ; après une période de nourriture colorée, l'examen des os montre des couches concentriques alternativement colorées et incolores, la couche adhérente au périoste est colorée si la nourriture l'est. Un fil d'argent placé sous le périoste est retrouvé dans la moelle, il y a donc destruction de l'os au contact de la moelle. Flourens a confirmé ces expériences en 1840. Des études plus récentes de coupes microscopiques ont prouvé la formation par le périoste de cellules osseuses, la présence dans la moelle de phagocytes destructeurs de l'os.

Applications du rôle du périoste. — Le périoste fonctionne même séparé de l'os ; il permet ainsi le traitement des fractures, la greffe osseuse.

Cinquième leçon

LA LOCOMOTION, LES MUSCLES

Définition. — Les muscles sont les organes actifs du mouvement. Deux types : muscles rouges ou striés du système locomoteur proprement dit obéissant à la volonté, muscles lisses, jaunâtres des organes de la nutrition, involontaires.

Le muscle strié. — ANATOMIE EXTERNE : aspect souvent fusiforme, ventre de couleur rouge, tendons d'attache blancs (fibres élastiques), vaisseaux sanguins et nerfs. Formes différentes : muscles circulaires (paupières, lèvres) et sphincters (anal, pylorique), en éventail (pectoral).

STRUCTURE : enveloppe conjonctive externe (périmysium) se prolongeant intérieurement pour limiter les faisceaux de fibres. *Fibre musculaire* : cellule fusiforme de 3 à 4 cm. avec noyau fragmenté et protoplasme transformé en substance musculaire contractile divisée en *fibrilles.* Chaque fibrille présente une succession de disques clairs (minces) et sombres (épais), déterminant une striation transversale. Plaque motrice avec terminaisons nerveuses.

ORIGINE : Cellules mésodermiques qui s'allongent, le noyau se divise, le protoplasme se transforme en fibrilles.

COMPOSITION CHIMIQUE : Eau (75 0/0) ; matières organiques (24 0/0) : myosine surtout, glycogène, graisses, déchets azotés ; sels minéraux : chlorures et phosphates de Na, K.

Le muscle lisse. — Fibres fusiformes courtes (0 mm. 2), un noyau, couleur jaune rosée de la paroi stomacale, intestinale.

Principaux muscles striés (500 environ). — TÊTE (60) : abaisseurs (3) et releveurs (4) de la mâchoire inférieure ; orbiculaire des paupières et des lèvres, frontal, temporaux, etc...

TRONC (190) : grand pectoral ramenant le bras en avant ; grand dorsal le tirant à l'arrière ; trapèze dorsal faisant effacer les épaules. 12 intercostaux, 12 surcostaux, diaphragme.

MEMBRES SUPÉRIEURS (50 par bras).
Deltoïde élévateur des bras, biceps et triceps, extenseurs et fléchisseurs des doigts, muscles de la paume.

MEMBRES INFÉRIEURS (50 par jambe).
Trois fessiers (station verticale), biceps et triceps crural (extension et flexion de la jambe), couturier (croisement des jambes), jumeau soulevant le talon, extenseurs et fléchisseurs des orteils, etc.

Sixième leçon

LES MUSCLES (suite)

Propriétés du muscle. — Propriétés physiques : élasticité ; propriétés physiologiques : excitabilité, contractilité. L'élasticité est parfaite, facile à mesurer, mais limitée.

L'excitabilité se manifeste par l'action d'excitants très variés : variations d'intensité d'un courant électrique, lumière (iris), chaleur, froid, choc, piqure, agents chimiques (acides, bases, etc.), système nerveux (sauf pour les muscles lisses). Le muscle répond à l'excitation par une contraction, diminution de longueur sans changement de volume.

Etude spéciale de la contraction ou secousse musculaire. Myographe. — Le myographe comprend un appareil d'excitation (circuit électrique avec interrupteur), un appareil amplificateur et enregistreur. La courbe obtenue (avec un muscle de grenouille p. ex.) indique : *a*) temps de latence (0"01), *b*) temps de contraction active (0"16), temps de retour au repos (0"20). Si on paralyse les terminaisons nerveuses du muscle (action du curare), la contraction subsiste. Effet d'excitations rapprochées : production du tétanos physiologique ou contraction permanente du muscle (50 excitations par seconde chez l'homme) ; tétanos naturel (crampe, torticolis). Les courants alternatifs de faible fréquence et de haute tension tétanisant les muscles respiratoires et le cœur déterminent la mort. Les courants de très haute fréquence (plusieurs millions par seconde) sont sans effet.

Energétique du muscle. — Le muscle transforme l'énergie potentielle représentée par ses aliments en énergie cinétique (énergie mécanique, calorifique, électrique). L'énergie chimique potentielle des aliments est libérée par l'oxydation respiratoire.

Aliments du muscle : glucose s'accumulant au repos sous forme de glycogène, graisses ; au cours du travail musculaire on observe la disparition du glycogène, puis des graisses, une production active de CO^2 (acidité musculaire). Le muscle est un bon transformateur d'énergie : 100 d'énergie chimique donnent 25 à 30 d'énergie mécanique (contraction), 70 à 75 0/0 d'énergie calorifique (échauffement du muscle), de l'énergie électrique (pouvoir électromoteur).

Fatigue musculaire. — Après des excitations répétées, le muscle ne répond plus aux excitations (ergographe). Cause : production de composés comme l'acide lactique provenant d'une oxydation incomplète des aliments. La production de toxines n'est pas prouvée. Massage et repos déterminent l'élimination de ces substances paralysantes.

Contraction des muscles lisses. — Indépendante de la volonté, assez lente (mouvements péristaltiques du tube digestif).

Notions de mécanique animale. — Muscles et os fonctionnent comme des leviers. Ex. : levier interfixe : équilibre de la tête sur la colonne vertébrale ; levier interpuissant fréquent : flexion de l'avant-bras sur le bras ; levier interrésistant : broyage d'un aliment par les dernières molaires. Muscles de force : courts, épais (fessiers). Muscles de vitesse longs assez grêles : jumeaux.

Septième leçon

LA SENSIBILITE, LE SYSTEME NERVEUX

Définition. — Le système nerveux représente l'appareil mettant l'organisme en rapport avec le milieu externe, il assure aussi les liaisons internes des différents systèmes du corps. L'homme possède un système nerveux céphalo-rachidien, un système sympathique, un système parasympathique.

Système céphalorachidien ou cérébrospinal

Constitué par les centres nerveux (encéphale, moelle épinière) et les nerfs.

Structure externe. — 1. Encéphale : logé dans la boîte cranienne, 1.350 gr. ; constitué par le cerveau, le cervelet, le bulbe et d'autres organes placés entre le cerveau et le cervelet : 2 couches optiques, épiphyse, 4 tubercules quadrijumeaux.

Le cerveau (1.200 gr.), couleur grise, 2 hémisphères séparés par un sillon médian profond, scissures séparant les lobes, circonvolutions (13 par hémisphère) nerfs partant de la face inférieure. — *Le cervelet* (140 gr.), gris, une partie médiane : vermis sillonné, large ; 2 hémisphères cérébelleux réunis inférieurement par le pont de Varoli (blanc). — *Le bulbe* (10 gr.), tronc de pyramide de 3 cm., blanc, creusé sur sa face dorsale d'une dépression triangulaire (4 ventricule) ; nerfs.

2. Moelle épinière. — Cordon blanc (1 cm. de diamètre, 50 cm. de longueur, 250 gr.), logé dans le canal vertébral ; (renflements cervical et lombaire), queue de cheval terminale, nerfs rachidiens. Sillons longitudinaux (1 sillon dorsal ou postérieur étroit, profond ; 1 sillon ventral peu accentué, 3 sillons latéraux) délimitant les cordons médullaires (antérieur, latéral, postérieur : Goll, Burdach).

Les Méninges : Membranes d'enveloppe, 2. *Pie-mère*, nourricière appliquée sur la substance nerveuse ; *Dure-mère* conjonctive, adjacente aux os, protectrice. Autour de la moelle, délamination de la pie-mère d'où constitution d'un feuillet intermédiaire : l'arachnoïde représentant le feuillet externe de la pie-mère. Le liquide céphalorachidien existe ici entre les 2 feuillets de la pie-mère.

Huitième leçon

LE SYSTEME NERVEUX (suite)

Structure interne du système céphalorachidien

1° **Encéphale.** — Le système céphalorachidien est constitué par l'épanouissement des parois d'un tube nerveux se constituant suivant la ligne dorsale et médiane du corps chez l'embryon. Le TUBE NERVEUX présente des dilatations ou ventricules : 1er et 2e ventricules dans le cerveau, trous de Monro, 3e ventricule dans la région des couches optiques, acqueduc de Sylvius menant au 4e ventricule ouvert dorsalement (région bulbaire), celui-ci se continue par le canal de l'épendyme (moelle épinière).

PAROIS DU TUBE NERVEUX : 1er et 2e ventricules : hémisphères cérébraux, corps striés. 3e ventricule : couches optique, épiphyse. Acqueduc de Sylvius : tubercules quadrijumeaux, cervelet. 4e ventricule : bulbe. L'épaisseur de ces parois est constituée par 2 sortes de substances : substance blanche, substance grise. La *substance grise* formée de corps cellulaires constitue la partie externe des hémisphères, les corps striés, les couches optiques, l'épiphyse, les tubercules quadrijumeaux, l'écorce du cervelet, la partie interne du bulbe. La *substance blanche* formée de fibres se dispose en : 1° cordons longitudinaux ou pédoncules : pédoncules cérébraux allant du bulbe (pyramides) au cerveau en traversant les corps striés, pédoncules cérébelleux supérieurs reliant cerveau et cervelet, pédoncules cérébelleux inférieurs reliant cervelet et bulbe ; 2° cordons transversaux : corps calleux unissant les 2 hémisphères cérébraux au-dessus des ventricules ; trigone les unissant au-dessous des ventricules ; Pont de Varoli reliant les deux hémisphères cérébelleux.

2° **Moelle épinière.** — Substance grise interne disposée en X autour du canal de l'épendyme ; substance blanche constituant les cordons de la moelle reliant celle-ci aux différentes parties de l'encéphale.

Développement du système céphalorachidien. — Gouttière nerveuse ectodermique embryonnaire, tube nerveux, vésicule antérieure se divisant finalement en 5, courbures du tube entre les vésicules 3 et 4 et surtout 4 et 5. La vésicule 1 donne les hémisphères qui se développent surtout en arrière et sur les côtés. La vésicule 2 est l'origine des couches optiques, de l'épiphyse, des corps striés, de l'hypophyse. La vésicule 3 donne tubercules quadrijumeaux et acqueduc de Sylvius. Le cervelet provient de l'épaississement de la vésicule 4 ; le bulbe, de la vésicule 5 ; le ventricule correspondant restant ouvert. La partie non renflée du tube nerveux constituera la moëlle épinière.

Neuvième leçon

LE SYSTEME NERVEUX (suite)

Les nerfs. — Conducteurs du système nerveux ; les uns : nerfs craniens partent de la face inférieure de l'encéphale, les autres : nerfs rachidiens partent latéralement de la moelle épinière.

Nerfs craniens : 12 paires, les 4 premières partent du cerveau, les autres du bulbe ; sortis de la boîte cranienne, les nerfs vont soit dans les organes de la tête (muscles, organes des sens), soit dans les organes de la cavité générale.

3 paires sont sensitives : olfactifs, optiques (chiasma), auditifs.

5 paires sont motrices : nerfs moteurs des muscles des yeux (3 paires), spinaux du larynx, hypoglosses de la langue.

4 paires sont mixtes : trijumeaux (paupières, mâchoires), faciaux (muscles de la face), glosso-pharyngiens (langue), pneumogastriques (cœur, poumons, estomac).

Nerfs rachidiens : 31 paires se ramifiant dans les muscles et la peau ; 2 racines : antérieure, postérieure (ganglion spinal). Le nerf unique est constitué avant la sortie du canal rachidien (trou de conjugaison entre 2 vertèbres). Terminaison périphérique en arborisations. Ce sont des nerfs mixtes classés en : huit paires cervicales (nerf phrénique du diaphragme, nerf brachial) ; 2° douze paires dorsales ; 3° cinq paires lombaires (nerf crural) ; 4° six paires sacrées (nerf sciatique).

Histologie du système nerveux. — Substance grise : Constituée surtout par les corps cellulaires des neurones nerveux et leurs prolongements courts : les dendrites.

Substance blanche : Constituée surtout par les cylindraxes de neurones transformés en fibres ; formation d'un manchon de cellules à myéline (substance brillante, grasse, phosphorée) recouvert par la gaine de Schwann.

Les centres nerveux contiennent substance blanche et substance grise.

Les nerfs céphalorachidiens sont formés de paquets de fibres à myéline groupées en faisceaux, chaque faisceau est entouré d'une mince membrane conjonctive ; une membrane générale, l'épinèvre de même nature enveloppe tous les faisceaux.

Différentes sortes de neurones (voir leçon 2).

Dixième leçon

LE SYSTEME NERVEUX (suite)

Physiologie du système céphalorachidien. — L'ACTE RÉFLEXE : fondamental dans le fonctionnement du système nerveux, il peut être contrôlé par les hémisphères cérébraux (acte réflexe conscient), ou non (réflexe proprement dit, inconscient). Le réflexe insconscient est le plus simple ; étudié p. ex. dans les réflexes médullaires chez une grenouille décapitée, l'excitation d'une patte piqûre, p. ex.) détermine sa contraction. La suppression de la moelle amène celle du réflexe. Le trajet suivi est le suivant : excitation périphérique des terminaisons nerveuses de la peau, transmission par les fibres nerveuses au centre nerveux (substance grise de la moelle), élaboration par la substance grise d'un ordre moteur, transmission de ce dernier au muscle par les fibres nerveuses. Lois de symétrie, d'irradiation des réflexes : une excitation plus forte détermine la contraction de la patte symétrique, ou même des quatre pattes. On admet que l'influx nerveux se propageant serait un mouvement vibratoire.

Rôle particulier des centres. — Tous les centres possèdent un rôle élaborateur de réflexes par la substance grise, un rôle conducteur par la substance blanche. Ces rôles sont mis en évidence par la suppression totale du centre, ou des sections limitées, ou des excitations directes.

RÔLES DE LA MOELLE ÉPINIÈRE : réflexes médullaires insconscients : mouvements involontaires de la marche, réflexe plantaire, rotulien, etc. Rôle conducteur : partie dorsale conduit la sensibilité ; dégénérescence des cordons postérieurs détermine l'ataxie locomotrice par suppression de la conduction des sensations tactiles de la plante, origine des réflexes de la marche ; partie ventrale conduit les ordres moteurs.

RÔLE DU BULBE : réflexes très importants ; élaboration des ordres moteurs des principaux muscles de la nutrition (mastication, déglutition, respiration, cœur, etc.) ; des principaux ordres de sécrétion (sucs digestifs ; foie : sécrétion glycogènique, etc.). Les excitations déterminantes sont soit directes (action de CO^2 du sang sur la substance grise du bulbe), soit indirectes par excitation des fibres sensitives (arrivée des aliments dans le tube digestif, p. ex.). Rôle conducteur analogue à celui de la moelle, mais croisement des fibres motrices.

RÔLE DU CERVELET : centre coordinateur des réflexes assurant l'équilibre du corps ; un pigeon privé du cervelet ne peut voler ; un chien ne peut marcher, il peut nager. Suppression partielle de l'organe détermine des phénomènes moins accentués, mais prouve son action sur la vigueur musculaire. Chez l'homme, les lésions déterminent l'ataxie cérébelleuse (mouvements désordonnés), la marche n'est possible chez l'enfant que par le développement total de l'organe.

TUBERCULES QUADRIJUMEAUX, EPIPHYSE, COUCHES OPTIQUES, CORPS STRIÉS : L'ablation des tubercules amène la cécité complète ; rôle de l'épiphyse ? ; les couches optiques semblent des relais pour les sensations olfactives, visuelles, auditives, tactiles ; les corps striés par les pédoncules interviennent dans la transmission des ordres moteurs.

Onzième leçon

LE SYSTEME NERVEUX (suite)

Physiologie des centres céphalorachidiens (*suite*). — RÔLES DU CERVEAU : Centre d'actes volontaires prouvé par les effets de sa suppression, de son excitation directe, d'observations médicales. Suppression chez le pigeon (Flourens), le chien, détermine l'automatisme total, perte de la motricité volontaire, de la mémoire, de la sensibilité consciente. L'animal peut vivre grâce aux réflexes bulbaires.

La motricité résiderait dans les grandes cellules pyramidales de l'écorce cérébrale (excitation directe produit les mouvements) et serait localisée ainsi autour du sillon de Rolando ; des centres moteurs déterminés peuvent se déceler ; la marche des excitations motrices peut se suivre dans les neurones.

La sensibilité résiderait dans les petites cellules pyramidales qui transformeraient les excitations en sensations ; les centres sensitifs principaux peuvent se localiser ; la marche des excitations sensitives peut aussi se tracer.

Les centres psychiques ou de mémoire avaient été localisés par Broca. Ses résultats ont été remis en question par des travaux plus récents (blessures de guerre en particulier).

Dans l'ensemble, la spécialisation du cerveau n'a pas la rigueur qu'on pourrait lui supposer et ses différentes parties peuvent jusqu'à un certain point se suppléer dans leurs travaux.

Pas de rapport précis entre le poids du cerveau et le degré d'intelligence (poids moyen : 1.300 gr., Cromwell : 2.231 gr., A. France : 1.100) ; pas de relation précise entre le nombre, le développement des circonvolutions et l'intelligence.

Physiologie des nerfs. — Les nerfs sont les conducteurs de l'influx nerveux (mouvement vibratoire ? se propageant avec une vitesse de 30 mètres par seconde). Il existe : 1° des NERFS CENTRIFUGES OU MOTEURS conduisant des centres à la périphérie. (Expérience sur les nerfs moteurs oculaires, p. ex.) ; 2° des NERFS CENTRIPÈTES OU SENSITIFS conduisant de la périphérie aux centres (exp. sur le nerf optique) ; 3° des NERFS MIXTES (cas de tous les nerfs rachidiens) conduisant dans les deux sens, la racine dorsale est sensitive, la racine ventrale est motrice. Les cellules bipolaires du ganglion spinal sont des neurones sensitifs, les cellules multipolaires des cornes antérieures de la moelle épinière sont les neurones moteurs.

Douzième leçon

LE SYSTEME NERVEUX (suite)

Le système sympathique

Anatomie. — Centres nerveux : ganglions sympathiques et nerfs (formés de fibres pâles).

Ganglions : 2 chaînes ganglionnaires dorsales, à droite et à gauche de la colonne vertébrale : 3 paires de ganglions cervicaux, 12 paires de ganglions dorsaux ou thoraciques, 6 paires de ganglions lombaires, 4 paires de ganglions sacrés. Ganglions craniens.

Nerfs : Cordons limitrophes réunissant les ganglions dorsaux. Nerfs partant des ganglions et allant s'anastomoser en plexus sur les organes (plexus cardiaque ; solaire, de l'estomac, intestin, foie ; mésentérique, iliaque : vessie). Rameaux communicants allant aux ganglions spinaux rachidiens.

Physiologie. — Le système sympathique est élaborateur de réflexes agissant sur les organes de la vie de nutrition. Découverte de ce rôle par Cl. Bernard à propos des nerfs vaso-moteurs (vaso-constricteurs, vaso-dilatateurs) ; expérience sur les vaso-moteurs de l'oreille du lapin : excitation détermine la pâleur, section détermine la rougeur (vaso-dilatation) ; l'excitation des fibres sympathiques de la corde du tympan, nerf facial) amène la sécrétion active des glandes salivaires sous-maxillaires par vaso-dilatation. Rôle des vaso-moteurs dans le travail des glandes digestives. Les fibres sympathiques conduisent aussi des excitations au cœur accélérant le rythme des contractions (origine de ces excitations : ganglions cervicaux) ; le cœur des poissons, batraciens, reptiles renferme d'ailleurs des ganglions sympathiques accélérateurs bien délimités, beaucoup plus vagues chez les Mammifères et les Oiseaux. D'autres fibres sympathiques sont modératrices (parois intestinales). Les excitations initiales, origine de ces réflexes sont dues à des causes diverses (passage des aliments p. ex.), des fibres sympathiques sensitives les conduisent aux ganglions élaborateurs des ordres. Fibres sensitives et motrices sont réunies dans un même nerf.

Le système parasympathique

Anatomie. — Le système parasympathique est assez difficile à délimiter anatomiquement. Il est composé de nerfs craniens ou rachidiens qui se rendent dans les organes de la vie de nutrition. Ces nerfs sont essentiellement : 1° les nerfs pneumogastriques (10e paire cranienne) se rendant principalement aux poumons, au cœur, à l'estomac ; 2° une branche du nerf facial (corde du tympan) innervant les glandes salivaires ; 3° des ramifications des nerfs rachidiens sacrés, allant au rectum et à la vessie.

Physiologie. — D'une façon assez générale, le rôle du sytème parasympathique est antagoniste de celui du système sympathique. Ainsi le nerf pneumogastrique modère le rythme des battements cardiaques, il accélère par contre les contractions intestinales ; dans l'ensemble cependant son action est plutôt modératrice. Les alcaloïdes agissent en sens opposé sur ces deux systèmes nerveux de la vie végétative ; l'adrénaline, sécrétion interne des glandes surrénales, excite les fibres sympathiques (vaso-constriction), modèle les fibres parasympathiques.

Treizième leçon

LA SENSIBILITE, LES ORGANES DES SENS

Les organes des sens mettent l'organisme en rapport avec le milieu ambiant, ils perçoivent les excitations extérieures, les transmettent au cerveau qui donne la sensation. Certains sont de structure peu spécialisée (peau, langue, nez), l'oreille et l'œil sont par contre des appareils très perfectionnés.

La peau, le toucher

Structure de la peau. — EPIDERME formé de couches cellulaires stratifiées, les plus externes sont mortes (cellules sans noyau, kératinisées) ; la couche la plus interne de forme ondulée constitue la couche génératrice de Malpighi. Derme : tissu conjonctif avec papilles (100 par mm^2 dans la paume) renfermant vaisseaux sanguins et nerfs. Les fibres conjonctives très abondantes dans la partie externe forment l'élément essentiel du cuir ; la partie interne en contient peu et permet le glissement facile de la peau sur les muscles.

PRODUCTIONS DE LA PEAU. — *Poils* : tige formée de cellules épidermiques mortes avec granulations pigmentaires, racine plongeant dans le derme avec renflement terminal formé de cellules vivantes. Glande sébacée lubréfiant le poil ; muscles horripilateurs. Les ongles sont de nature cornée comme les poils.

Glandes sudoripares : peloton dermique avec réseau vasculaire, conduit d'excrétion (2 à 3 millions).

Organes sensoriels : Corpuscules de Pacini (enveloppes concentriques avec filet nerveux ramifié) dermiques, situés le long des doigts, vers les articulations. Corpuscules de Meissner (plusieurs cellules avec filets nerveux terminés par des boutons) dermiques, face interne des mains et des pieds. Terminaisons intra-épidermiques analogues aux corpuscules de Pacini (dos de la main, tempes).

Physiologie. — Rôle protecteur de la peau : épiderme corné, poils, couche dermique graisseuse. Rôle secréteur : glandes sudoripares. Toucher : impressions tactiles : corp. de Meissner (contact), corp. de Pacini (pression), terminaisons intraépidermiques : sensations calorifiques et douloureuses.

La langue, le goût

Structure de la langue. — Muscle recouvert d'une muqueuse renfermant les organes du goût et du tact. Papilles tactiles : filiformes, corolliformes. Papilles gustatives caliciformes (12 disposées en V), fongiformes disséminées, renfermant les olives du goût (plusieurs centaines par papilles). Olives du goût : cellules sensorielles avec cil externe, il s'y termine des filets nerveux du nerf glossopharyngien. Les nerfs de la langue : gustatif (glossopharyngien), tactile (lingual), moteur (hypoglosse).

Physiologie. — Les corps sapides ne manifestent leur action que s'ils sont dissous dans la salive, le cerveau donne la sensation (sucrée, salée, amère, acide).

Le nez, l'odorat

Structure du nez. — Os ethmoïde (lame criblée et perpendiculaire), cornets, vomer, limitent la cavité nasale ; muqueuse avec partie inférieure et moyenne rouge, à rôle respiratoire ; avec partie supérieure jaunâtre, olfactive. Terminaison des lobes olfactifs : nombreux filets traversant la lame criblée, en rapport avec les cellules ciliées, sensorielles.

Physiologie. — Les corps gazeux, les corps adorants émettant des particules très fines solubles dans le mucus nasal, excitent les cils des cellules olfactives. Le cerveau donne la sensation.

Quatorzième leçon

LES ORGANES DES SENS (suite)

L'oreille, l'audition

Structure de l'oreille. — L'oreille est logée dans le rocher, partie de l'os temporal. 3 parties essentielles : 1° OREILLE EXTERNE : pavillon, repli de la peau avec lame cartilagineuse ; conduit auditif (3 cm.) avec poils et glandes sébacées (cérumen) ; 2° OREILLE MOYENNE : cavité étroite du rocher (2 cm. × 2 mm.), en relation avec une fosse nasale par la trompe d'Eustache ; elle présente 3 orifices obturés par des membranes : l'orifice tympanique fermé par le tympan, membrane circulaire de 1 cm² inclinée à 45° ; la fenêtre ronde, la fenêtre ovale établissant les relations avec l'oreille interne. La chaîne des osselets coudée formée du marteau (6 à 7 mm.), de l'enclume (os lenticulaire), de l'étrier, relie le tympan à la fenêtre ovale ; 3° OREILLE INTERNE : constituée par une cavité osseuse creusée dans le rocher, de forme très complexe : le labyrinthe osseux, renfermant un sac membraneux de même forme : le labyrinthe membraneux. Entre les deux labyrinthes se trouve un liquide : la périlymphe ; dans le labyrinthe membraneux existe l'endolymphe parsemée de poussières calcaires ; sa paroi renferme les terminaisons du nerf auditif : tâches acoustiques formées de cellules de soutien et de cellules sensorielles ciliées.

Le *labyrinthe osseux* comprend un sac ou vestibule divisé en utricule (4 mm. × 2 mm.) et saccule (2 mm.) ; de l'utricule partent 3 canaux demi-circulaires (2 verticaux, 1 horizontal), du saccule se détache le limaçon (2 tours 1/2) ; une lame osseuse triangulaire : la lame spirale divise le limaçon en une rampe vestibulaire et une rampe tympanique débouchant vers la fenêtre ronde. La séparation de ces deux compartiments est complétée par la membrane basilaire formée de fibres transversales (4.000) constituant l'organe de Corti.

Le *labyrinthe membraneux* comprend les mêmes parties, mais le limaçon membraneux n'occupe qu'une partie de la rampe vestibulaire où il forme le canal cochléaire. Les taches ou crêtes acoustiques représentant les terminaisons du nerf auditif existent à la base des canaux demi-circulaires, dans la paroi de l'utricule, du saccule, du limaçon membraneux.

Physiologie. — Le pavillon recueille les sons et permet de juger leur direction. Les vibrations sonores se transmettent par la membrane tympanique et la chaîne des osselets à la fenêtre ovale. Le tympan a la faculté de s'adapter aux sons les plus divers par les modifications de son état de tension ; la trompe d'Eustache permet à l'air de l'oreille interne d'acquérir facilement la pression extérieure. Les vibrations de la fenêtre ovale transmises à la périlymphe, puis à l'endolymphe déterminent l'excitation des cellules sensorielles et la sensation sonore. La perception de l'intensité, de la hauteur, du timbre des sons a été attribuée à la membrane basilaire fonctionnant comme résonateur (théorie de Helmholtz) ; la théorie hydrodynamique attribue à l'ampleur, la fréquence, la forme des variations de pression des liquides de l'oreille (variations excitant les cils sensoriels), la perception respective de l'intensité, de la hauteur, du timbre.

Les *canaux demi-circulaires* interviennent dans l'équilibre, leur lésion détermine des vertiges et des oscillations de la tête dans le plan du canal détruit.

Quinzième leçon

LES ORGANES DES SENS

L'œil, la vision

Situation. Organes annexes. — Le globe oculaire (23 mm. de diamètre) est situé dans l'orbite séparé de la paroi osseuse par un tissu conjonctif graisseux. ORGANES PROTECTEURS : paupières : repli de la peau avec muscles (orbiculaires, élévateurs), cartilage tarse, poils ou cils, conjonctive. Glandes sébacées. Glandes lacrymales (angle externe et supérieur) secrétant les larmes légèrement salées, humidifiant la conjonctive, conduits lacrymaux débouchant dans les fosses nasales. ORGANES MOTEURS : six muscles, 4 droits (supérieur, inférieur, externe, interne), 2 obliques (grand et petit) déterminant la rotation de l'œil.

Globe oculaire. — Appareil d'optique et organe des sens, il comprend des parties protectrices, nourricières, sensibles : les membranes ; des organes optiques : les milieux transparents.

LES MEMBRANES : *Sclérotique* blanche, résistante, protectrice, formant en avant la cornée transparente plus bombée. *Choroïde* : nourricière (vaisseaux sanguins), pigmentée, noire, formant en avant l'iris plan, percé de la pupille (fibres lisses concentriques et radiales de l'iris). Sur le pourtour de l'iris : corps ciliaire (muscles longitudinaux et circulaires, procès ciliaires : 70 à 80 saillies pouvant se gonfler de sang). *Rétine* : membrane sensible, interne, rosée, épanouissement des fibres du nerf optique ; constituée de couches cellulaires variées : cellules sensorielles les plus externes terminées en cônes et en bâtonnets (colorés par le pourpre rétinien), cellules bipolaires, cellules multipolaires les plus internes dont les cylindraxes forment le nerf optique. Tache aveugle dépourvue de cellules sensorielle, tache jaune dans le même plan horizontal, très sensible avec cellules sensorielles intérieures.

LES MILIEUX TRANSPARENTS : *Cornée transparente* épaisse ; *Humeur aqueuse* dans la chambre antérieure, liquide légèrement salin ; *Cristallin* : véritable lentille de l'œil (diamètre : 9 mm., épaisseur : 4 à 6 mm.) plus fortement bombé à l'arrière, transparent, constitué de cellules disposées en couches concentriques avec une partie centrale : le noyau très résistant. Placé derrière la pupille, le cristallin est maintenu par le ligament suspenseur annulaire, issu de la membrane hyaloïde ; *Humeur vitrée* : remplit toute la chambre postérieure de l'œil, consistance gélatineuse, transparente, enveloppée de la membrane hyaloïde.

Seizième leçon

LES ORGANES DES SENS

La Vision

L'œil, appareil d'optique. — CHAMBRE NOIRE PHOTOGRAPHIQUE : objectif, cristallin et milieux transparents, pouvant se réduire à un cristallin d'indice 1,40, de centre optique légèrement déplacé vers l'arrière ; diaphragme, iris réglant la quantité de lumière ; plaque sensible, rétine ; chambre noire, choroïde. La mise au point se fait par déformation de l'objectif.

VISION DANS L'ŒIL NORMAL : image des objets situés entre l'infini et 60 mètres de l'œil se forme sur la tache jaune, foyer de l'œil. Images des objets plus rapprochés se formeraient en arrière de la rétine, l'accommodation les ramène sur la rétine. Ces images sont renversées (exp. de Magendie). *Mécanisme accommodateur* : bombement de la face antérieure du cristallin par l'action des muscles ciliaires longitudinaux qui, se contractant, tirent sur le ligament suspenseur en direction arrière, les parties molles antérieures du cristallin se moulent sur le noyau central. L'œil voit les objets rapprochés. Limites de l'accommodation : du fait que le cristallin ne peut accroître indéfiniment sa convergence (punctum proximum : 10 cm à 7 ans, 15 cm. à 30 ans.

DÉFAUTS DE L'ŒIL, APPAREIL D'OPTIQUE : *Myopie* : diamètre antéropostérieur trop long ou cristallin trop convergent ; foyer en avant de la rétine. Punctum remotum (50 cm. à 10 cm.), verres correcteurs divergents dont le foyer se confond avec le punctum remotum. *Hypermétrophie* : diamètre antéropostérieur trop court, foyer en arrière de la rétine, vision indistincte sauf pour l'infini ou l'accommodation peut intervenir avec succès. Verres correcteurs convergents. *Astigmatisme* : milieux non sphériques, verres correcteurs cylindriques. *Presbytie* : fatigue des muscles ciliaires, envahissement progressif du cristallin par le noyau dur rendent l'accommodation de moins en moins étendue (punctum proximum : 25 cm. à 40 ans). Verres correcteurs convergents (ne corrigent que pour une distance seulement).

L'œil, organe des sens. — MÉCANISME DE LA VISION : Excitation des cellules sensorielles déterminant la sensation visuelle après passage au cerveau. Théorie du pourpre rétinien : sa décomposition exciterait les cellules, mais il manque dans la tache jaune, et est absent chez de nombreux animaux : pigeon, chien. Théorie mécanique : le mouvement vibratoire lumineux ébranlerait les granulations pigmentaires des cellules visuelles, se transmettrait ainsi aux cônes et aux bâtonnets. Les cellules à bâtonnets apprécieraient l'intensité lumineuse ; les cellules à cônes, la qualité de la lumière. Tache aveugle insensible (expérience de Mariotte).

VISION DROITE : les images renversées sont vues droites (éducation du cerveau prouvée par l'observation des jeunes enfants, et les expériences de divers physiologistes).

VISION DES COULEURS : perception ? ; défaut : daltonisme (bleu, jaune sont surtout perçus).

PERSISTANCE DES IMAGES : image positive (1/50 à 1/20 de seconde), (cinématographe) image négative plus durable ; illusions d'optique déterminées par l'irradiation des images blanches sur les cellules rétiniennes.

ACUITÉ VISUELLE : définie par le plus petit angle que l'œil puisse séparer (1/2' à 1').

VISION DU RELIEF : résulte de la superposition des 2 images différentes fournies par les yeux (stéréoscope).

Dix-septième leçon

FONCTIONS DE NUTRITION

Les fonctions de nutrition assurent la conservation de l'individu : digestion, circulation, respiration, secrétion les constituent.

Digestion

Fonction transformant les aliments de telle façon qu'ils puissent traverser la paroi intestinale, être absorbés par les cellules (état dit soluble et assimilable), pour subvenir aux dépenses de matériel et d'énergie de l'organisme.

L'appareil digestif

Constitué du tube digestif (Bouche, œsophage, estomac, intestin) et des glandes annexes (glandes salivaires, stomacales, intestinales, foie, pancréas).

La bouche. — Cavité limitée par la voûte et le voile du palais, les joues (muscles masticateurs), le plancher buccal. Elle contient les glandes salivaires (sublinguales, sous-maxillaires, parotidiennes), la langue, les dents.

Les dents. — Couronne, racine, collet, implantées dans les alvéoles des maxillaires.

VARIÉTÉS : 8 incisives coupantes, 4 canines pointues, 8 prémolaires broyeuses (2 tubercules, 1 racine), 12 grosses molaires broyeuses (4 tubercules : 2, 3, 4 racines).

CONSTITUTION : couronne : émail superficiel formé de prismes (97 0/0) de sels calcaires : phosphate tricalcique, fluorure), dont la couverture externe forme la cuticule brillante, dure, cassante. Ivoire, masse essentielle de la dent, analogue à l'os (72 0/0) de sels calcaires (phosphate, carbonate, fluorure ; phosphate de magnésium), 28 0/0 de dentine organique avec canalicules. Racine recouverte de cément : véritable os. Au centre, cavité contenant la pulpe (nerf, vaisseaux).

DÉVELOPPEMENT : Dentition de lait (20 dents, pas de grosses molaires, sortant entre 6 mois et 36 mois) ; tombe à partir de 7 ans, remplacée par la dentition définitive. Bourgeon dentaire : épiderme (émail), derme (ivoire, pulpe).

Œsophage. — Tube de 20-25 cm., situé derrière la trachée, muqueuse interne glandulaire, tunique avec fibres externes longitudinales, internes circulaires.

Estomac. — Cavité dirigée verticalement (25 cm. × 10 cm.), cardia, pylore et sphincter; muqueuse interne glandulaire, tunique moyenne avec fibres longitudinales, circulaires et obliques ; paroi externe dépendant du péritoine.

Intestin. — Tube de 9 à 10 m. divisé en intestin grêle (7 à 8 m., 3 cm. de diamètre), gros intestin (1 m. 50). L'INTESTIN GRÊLE comprend : duodénum (12 cm.) avec l'ampoule de Vater (foie, pancréas), jéjunum très circonvolutionné, iléon terminal. Le GROS INTESTIN est formé du cœcum (valvule iléo-cœcale, appendice), du colon (terminé par le S iliaque), du rectum (sphincter anal). Structure des parois analogue à celle de l'estomac ; muqueuse glandulaire (glandes en grappe et en tubes : plusieurs millions) munie de *valvules* (replis distants de 1 cm., 1.000 environ) et dans l'intestin grêle de *villosités* (1 mm., plusieurs millions, accroissant la surface absorbante, avec vaisseaux sanguins et chylifères) ; tunique musculaire à fibres circulaires internes, longitudinales externes (3 bandes dans le gros intestin), séreuse externe ou mésentère.

Les glandes annexes. — GLANDES SALIVAIRES en grappes avec acinus sécréteurs ; GLANDES STOMACALES en tube digité ; GLANDES INTESTINALES en grappes et en tubes.

PANCRÉAS : glande en grappe avec acinus sécréteurs, canal excréteur de Wirsung, ilots de Langerhans (organe de sécrétion interne), 15 cm. × 3 cm. × 1 cm. ; poids 60 à 80 gr.

FOIE : glande en tube ramifié avec canal cholédoque excréteur.

Dix-huitième leçon

LA DIGESTION (suite)

Les aliments

Les aliments naturels sont généralement des mélanges d'aliments simples. Ces derniers ont une composition chimique définie et se classent en aliments organiques : hydrates de carbone, graisses, albuminoïdes ; aliments minéraux (eau, sels).

Les aliments simples

Aliments organiques. — Hydrates de Carbone : $C^n(H^2O)^p$, divisés en : 1° sucres : glucoses ($C^6H^{12}O^6$), glucose ordinaire ; sucre de raisin, de fruits, soluble, fermentescible, réducteur (liqueur de Fehling) ; lévulose des fruits. *Saccharoses* ($C^{12}H^{22}O^{11}$) : saccharose ordinaire, sucre de canne, de betterave, soluble, fermentescible, non réducteur ; lactose : sucre de lait, non réducteur ; maltose : orge germée, soluble, réducteur, fermentescible ; 2° *Amyloses ou féculent* $(C^6H^{10}O^5)^n$; amidon des réserves végétales, insoluble, non réducteur, non fermentescible, coloré en bleu par l'iode, hydrolysé par les acides étendus en donnant des sucres variés ; inuline des Composées ; glycogène des animaux (foie, muscles), pseudosoluble, non réducteur, coloration brune par l'iode ; dextrines résultant de l'hydrolyse partielle des féculents, colorées en rose violacé ou non par l'iode.

Graisses : trièthers de la glycérine ou glycérides, résultant de la combinaison d'un acide gras (oléique, palmitique, stéarique, butyrique, etc.) avec la glycérine, trialcool). Composés de C. H. O., insolubles dans l'eau (émulsion par agitation), sont décomposés par hydrolyse en leurs constituants. L'eau surchauffée (200°), les acides, les bases sont des agents hydrolysants.

Albuminoïdes ou protéiques : Composés caractérisés par 1° leur composition centésimale : C (50 à 55 0/0), H (6,6 à 7,3 0/0), N (15 à 19 0/0), O (19 à 24 0/0), S (0,3 à 2,4 0/0) ; 2° réaction de coloration : réaction xanthoprotéique (coloration jaune par l'acide azotique) ; réaction du biuret (coloration violette par action successive d'une solution concentrée de potasse et d'une solution diluée de sulfate de cuivre) ; 3° poids moléculaire très élevé, constitution complexe ; 4° hydrolyse par les acides étendus ou les bases donne des corps moins complexes (peptones, acides aminés). Les protéides vrais sont insolubles, coagulables par la chaleur, les acides. Ex. : albumine d'œuf, myosine des muscles, fibrine du sang, gluten du blé, légumine des légumes secs, etc. ; les peptones sont solubles, non coagulables ; les acides aminés ont une composition chimique bien déterminée : glycocolle, leucine, tyrosine, etc.

Aliments minéraux. — Eau. Sels : chlorures, phosphates, carbonates de Na, K, Ca, Mg. De nombreux métaux sont engagés dans des combinaisons organique (Fe, Mg, Ca, etc.).

Dix-neuvième leçon

LA DIGESTION (suite)

Les aliments naturels

Origine animale. — Chair, viscères, lait, œufs.

CHAIR : tissu musculaire et conjonctif ; eau (75 0/0), myosine (18 0/0), sels (1,3 0/0), phosphates, chlorures (K, Na, Ca, Mg), fer organique, graisse (0,9 0/0), glycogène et glucose (0,6 0/0). Le bouillon contient 2 0/0 de substances dissoutes. LAIT : eau (86 0/0), albumine ou caséine (4 0/0), graisses (4 0/0), lactose (5 0/0), sels minéraux (1 0/0). ŒUFS : blanc (albumine), jaune (protéiques, lécithides avec phosphore, glucose, sels minéraux, fer organique.

Origine végétale. — GRAINES (céréales, légumineuses, graines oléagineuses); tubercules et racines, feuilles, fruits. Graines de céréales : amidon (70 0/0), gluten (12 0/0), graisses (1 à 2 0/0). Graines de légumineuses (haricot, lentille, pois) : légumine (23 0/0), amidon (55 0/0), graisses (2 0/0). Graines oléagineuses (arachide, noix, coton) et fruit (olive) : glycérides variés. TUBERCULES (pomme de terre) et racines (navet, radis, carotte, etc.) : eau (75 0/0), hydrates de carbone (20 à 25 0/0). FEUILLES (salades, épinards, oseille, etc.) peu nutritives (6 à 7 0/0 d'amidon, fer organique). FRUITS de composition très variable ; fruits sucrés et charnus (85 à 90 0/0 d'eau, sucres, acides organiques), fruits amylacés (châtaignes riches en amidon).

Les sucs digestifs

Salive. — Parotidienne, aqueuse ; sublinguale plus épaisse (déglutition). Salive mixte : eau, sels, amylase salivaire, mucine. Sécrétion par 24 heures : 1.500 gr.

Suc gastrique. — Eau, acide chlorhydrique, pepsine, lipase ?, présure ; sécrétion : 1.500 cm³ par jour. Obtention : fistule gastrique, petit estomac de Parolow.

Suc pancréatique. — Eau, sels (carbonate de soude), réaction alcaline, amylase, lipase, trypsinogène transformé en trypsine active par l'entérokinase intestinale. Obtention : fistule.

Suc intestinal. — Eau, sels, réaction alcaline, invertine ou saccharase, maltase, lactase, lipase, érepsine, argynase. Obtention : petit intestin de Pawlow.

Action générale des sucs digestifs. — Les sucs agissent en hydrolysant les aliments pour les amener à un état chimique plus simple et à une forme soluble. L'action nécessaire de l'eau n'est possible, à la température de 37°, que grâce à l'intervention catalysante des diastases digestives. Celles-ci exercent une action spécifique : diastases des féculents : amylases ; diastases des sucres : saccharase, lactase, maltase ; diastases des graisses : saponases ou lipases ; diastases des albuminoïdes : pepsine, trypsine, érepsine, argynase.

Vingtième leçon

LA DIGESTION (suite)

Chimie de la digestion

L'action mécanique des dents, des contractions stomacales, mais surtout l'action chimique des sucs donnent aux aliments leur forme soluble et assimilable par les cellules (un corps soluble n'est pas forcément assimilable, cas du saccharose p. ex.).

Digestion de l'eau et des sels minéraux. — Non attaqués.

Digestion des hydrates de Carbone. — SUCRES : saccharose, lactose, maltose sont hydrolysés en présence respectivement de l'invertine, la lactase, la maltase intestinales et transformés en glucose assimilable. FÉCULENTS : amidon, inuline, glycogène sont attaqués, lorsqu'ils sont cuits par l'eau en présence de l'amylase salivaire et pancréatique

amidon + eau = dextrine + maltose

Le maltose sera digéré dans l'intestin grâce à la maltase et donnera le glucose. Le *glucose* est la forme soluble et assimilable des hydrates de Carbone.

Digestion des graisses. — Les graisses sont hydrolysées par l'eau (saponification) en présence des lipases (gastrique ?, pancréatique, intestinale).

Graisse + eau = acide gras + glycérine

L'hydrolyse est précédée par la formation d'une émulsion très fine et stable grâce à la présence de sels alcalins et de la bile, augmentant considérablement la surface d'attaque. Le rôle de la bile est montré par les expériences de Cl. Bernard et de Dastre : la digestion des graisses n'a lieu qu'après la réunion du suc pancréatique et de la bile. Les acides gras formés peuvent constituer par combinaison avec les sels intestinaux, des savons (oléates, stéarates, etc.).

Acides gras, glycérine, savons sont les formes assimilables provenant des graisses.

Digestion des albuminoïdes. — Les albuminoïdes sont hydrolysés dans l'estomac en présence de la pepsine chlorhydrique (un suc neutralisé n'agit pas, un suc bouilli où la pepsine est détruite n'agit que très peu).

Albumine + eau = peptones

Les peptones de constitution chimique plus simple, sont solubles, non coagulables. La présure des jeunes enfants coagule la caséine du lait, laquelle est transformée ensuite par la pepsine.

L'hydrolyse se poursuit dans l'intestin par l'action de la trypsine pancréatique (trypsinogène rendu actif par l'entérokinase), les peptones se forment encore, mais sont à leur tour attaquées et transformées en acides aminés simples (leucine, tyrosine, etc.). Une action semblable sur les peptones est produite par l'érepsine et l'argynase intestinales.

Peptones et *acides aminés* sont les formes solubles et assimilables des albuminoïdes.

Formes solubles et assimilables des aliments. — Eau, sels, glucose, acides gras, glycérine, savons, peptones, acides aminés.

Vingt et unième leçon.

LA DIGESTION (fin)

Mécanisme d'ensemble, absorption intestinale

Mécanisme. — Les aliments broyés, coupés par les dents, humectés de salive, forment le bol alimentaire ; déglutition et passage dans l'œsophage grâce aux fibres lisses de la paroi ; brassage plutôt que broyage dans l'estomac et formation par action du suc gastrique du chyme acide ; vidage par petits jets successifs, de l'estomac où les graisses séjournent le plus longtemps, l'ouverture du sphincter pylorique se produit quand l'acidité du chyme est suffisante. Dans l'intestin se forme le chyle, d'aspect laiteux, renfermant les produits de la digestion et ses résidus (cellulose, cutine, amidon cru, cartilages, tendons, etc.). Les produits solubles sont absorbés par les villosités, les résidus constituent avec de nombreux microbes le bol fécal (gaz variés provenant des fermentations intestinales H, N, CO^2, CH^4, H^2S, etc.). Les mouvements péristaltiques expulsent ces résidus à l'extérieur.

Absorption intestinale. Destinée ultérieure des aliments. — Hydrates de Carbone : Le glucose traverse par osmose les parois des villosités et des capillaires intestinaux, va par les veines intestinales et la veine porte au foie. Celui-ci régularise la distribution du sucre dans l'organisme ; le glucose servira ensuite à produire l'énergie musculaire, la chaleur animale (rôle énergétique), à constituer des réserves : glycogène, graisses (rôle plastique). Sa combustion produit CO^2, H^2O, parfois des termes intermédiaires : acide lactique p. ex.

Matières albuminoïdes : Les peptones et les acides aminés sont transformés au cours de leur passage à travers la muqueuse intestinale en albumine spécifique par une véritable synthèse. Cette albumine passe dans les veines intestinales et est répartie ensuite dans les organes. Son rôle est surtout plastique (constitution du protoplasma), elle fournit cependant de l'énergie calorifique par sa combustion. Les produits essentiels de déchets provenant de son utilisation sont l'urée, l'acide urique.

Matières grasses : Les acides gras, la glycérine, les savons se combinent également lors de la traversée de la muqueuse intestinale pour former des graisses nouvelles, assimilables. Les graisses pénètrent dans les vaisseaux chylifères des villosités (aspect laiteux après une digestion), se rendent dans le canal thoracique lymphatique et par la veine sous-clavière gauche arrivent au cœur. L'organisme les utilise pour produire de l'énergie calorifique surtout et musculaire, elles interviennent aussi dans la constitution des réserves grasses. Leurs produits ultimes de déchets sont CO^2, H^2O ; par combustion incomplète elles engendrent des composés acétoniques.

Eau et sels minéraux : Absorbés par la muqueuse intestinale sans modification, ils passent dans les capillaires sanguins intestinaux et sont amenés ainsi par la veine porte dans la circulation générale.

Vingt-deuxième leçon

LA RESPIRATION

Fonction de l'organisme lui procurant l'élément gazeux indispensable aux combustions : l'oxygène.

Appareil respiratoire

Formé de l'arbre respiratoire proprement dit, du squelette thoracique, des muscles respiratoires, des artères et veines pulmonaires, du système nerveux respiratoire.

L'arbre respiratoire. — Nez et muqueuse nasale tapissant les cornets supérieurs et la moitié des cornets moyens.

Trachée artère : tube de 2 cm. de diamètre, soutenue par 16 à 20 anneaux cartilagineux interrompus à l'arrière (dilatation de l'œsophage). Constitutions : muqueuse interne avec épithélium intérieur cilié, nombreuses glandes en grappes (mucus), tissu conjonctif, tunique externe avec fibres et cartilages.

Bronches : grosses bronches se subdivisant jusqu'aux bronchioles, les grosses bronches ont la structure de la trachée avec cartilages annulaires, puis les cartilages se fragmentent ; l'épithélium interne n'est plus cilié.

Les alvéoles pulmonaires : Chaque bronchiole se termine par un petit sac bosselé (0,25 à 0,12 mm. de diamètre) ; l'alvéole ; les petites cavités non fermées de l'alvéole forment les vésicules. Surface totale des alvéoles : 100 m^2, épaisseur des parois : 10 μ, volume total des alvéoles d'un poumon : 2 l. 5.

Le poumon représente l'ensemble des alvéoles, bronchioles, bronches, capillaires sanguins, tissus conjonctif de liaison, nerfs. Il est entouré de la plèvre, séreuse à 2 feuillets (viscéral adhérent au poumon, pariétal adhérent à la paroi musculaire thoracique et au diaphragme), liquide pleurétique intérieur.

Autres organes. — Squelette : côtes, sternum, colonne vertébrale.

Muscles : élévateurs : 2 scalènes, 12 surcostaux ; 12 intercostaux ; diaphragme.

Vaisseaux : deux artères pulmonaires, 4 veines pulmonaires.

Système nerveux : nerf pneumogastrique, nerfs rachidiens moteurs des muscles, nerf du diaphragme.

Le larynx et la voix

Structure du larynx. — Partie modifiée de la région supérieure de la trachée. Sous l'épiglotte, 2 cordes vocales supérieures, 2 cordes vocales inférieures véritable organe de la voix laissant entre elles l'orifice de la glotte. Entre les deux, le ventricule de Morgagni, résonnateur. La paroi pharyngienne est soutenue par : 1° cartilage cricoïde, le plus inférieur (anneau complet) ; 2° cartilage thyroïde au-dessus en forme d'angle dièdre, son arête antérieure forme la pomme d'Adam ; en haut et dirigées en arrière 2 saillies ou cornes sont fixées à l'os hyoïde ; 3° 2 cartilages aryténoïdes latéraux petits reposant sur le cricoïde.

La voix. — Produite par la vibration des 2 cordes inférieures seules fonctionnant comme hanche ; la contraction des muscles des cordes détermine les sons aigus, lorsque les cordes se détendent les sons graves sont émis. La surface des cordes reste lisse ; si elle se plisse, le chevrotement se produit. L'écartement de la glotte (muscles dilatateurs crico-aryténoïdiens) permet à de forts courants d'air de frapper les cordes (sons intenses), le rétrécissement (m. constricteurs) détermine les sons faibles. Le timbre dépend de la forme et du volume des cavités laryngiennes, buccales et nasales fonctionnant comme résonnateurs. Dans la voix, les voyelles proviennent des vibrations des cordes plus ou moins modifiées, les consonnes sont des bruits surajoutés, provenant des lèvres, de la langue, de la voûte et du voile du palais.

Vingt-troisième leçon

LA RESPIRATION (suite)

Physiologie de la respiration

Phénomènes mécaniques. — Déterminent les mouvements de l'air dans les poumons, conditionnés par l'élasticité du tissu pulmonaire et la solidarité du poumon et de la cage thoracique grâce à la plèvre. 2 mouvements : INSPIRATION, agrandissement en avant (m. scalènes, surcostaux), sur les côtés (m. intercostaux), vers le bas (diaphragme). Diminution de la pression intérieure, entrée de l'air. EXPIRATION, lorsque les muscles se détendent, l'élasticité pulmonaire intervient, retour à l'état initial, compression et expulsion de l'air. 16 mouvements respiratoires complets à la minute, introduction de 1/10 du volume total d'air pur, soit 0 l. 5 (10 m^3 par jour) ; une expiration forcée détermine en moyenne le rejet de 3 litres d'air.

Echanges gazeux pulmonaires. — L'air inspiré renferme : oxygène, 21 0/0 ; azote, 79 0/0 ; gaz carbonique, 0, 03 0/0. L'air expiré contient : oxygène, 17 0/0 ; azote, 79 0/0 ; gaz carbonique, 4 0/0 ; il est également humide (preuves faciles). CO^2 provient du sang ; les échanges gazeux au niveau des alvéoles et des capillaires s'expliquent par l'osmose en ce qui concerne O : les pressions de l'O en mm. de Hg sont en effet de 121 dans l'air alvéolaire, 22 dans le sang veineux ; le pasage de CO^2 s'explique difficilement : pressions en mm. de Hg, 33 dans l'air alvéolaire, 30 dans le sang veineux. L'eau s'évapore à la surface des alvéoles.

Intensité respiratoire. — Mesurée par le poids d'O absorbé ou de CO^2 dégagé ; en un temps donné et rapportée à un poids déterminé : 1 kg. p, ex. Elle varie dans le même sens que la taille, la surface, augmente avec l'exercice, diminue avec le sommeil, etc.

Respiration des tissus. Siège de la combustion respiratoire. — Le gaz carbonique provient des cellules, le sang n'est qu'un agent de transport. La formation de gaz carbonique dans les tissus se produit sans l'intervention du sang ; expériences de Paul Bert, de Tissot sur cette production par des tissus isolés de l'organisme et non irrigués (muscles, rate, cerveau), de Spallanzani sur des grenouilles dont les poumons sont vidés d'air ; placées dans un flacon d'hydrogène, elles dégagent CO^2, etc.

Echanges gazeux entre le sang et les tissus. — L'oxyhémoglobine des globules rouges donne par dissociation au niveau des cellules : hémoglobine et oxygène, l'oxygène est cédé, l'hémoglobine revient au poumon sauf une légère portion qui retourne combinée à CO^2 (carbohémoglobine). CO^2 des cellules se dégage, se combine aux sels du plasma, formant des bicarbonates, phosphocarbonates de sodium ; ces composés amenés au poumon se dissocient, CO^2 se dégage et passe dans l'alvéole, la carbohémoglobine se dissocie aussi ; 400 l. de CO^2 sont rejetés journellement.

La combustion respiratoire cellulaire. Le quotient respiratoire. — Les aliments brûlés par les cellules sont : hydrates de Carbone, graisses et matières azotées. La combustion du glucose, $C^6H^{12}O^6 + 12\ O = 6\ CO^2 + 6\ H^2O$, donne comme valeur du quotient respiratoire $\left(\frac{\text{vol. } CO^2}{\text{vol. O}}\right)$ l'unité, la combustion des graisses détermine la valeur 0,75, celles des albumines (0,8). La connaissance de cette valeur permet de connaître aussi la nature des produits combinés, en réalité elle est toujours inférieure à 1, une partie de l'oxygène servant à des réactions non respiratoires. Rôle des diastases (oxydases ?) non prouvé.

Rôle de la respiration. — Libère l'énergie chimique potentielle des aliments, celle-ci est transformée en énergie cinétique (mécanique : muscles, chimique : glandes, calorifique).

Vingt-quatrième leçon

LA RESPIRATION (fin)

Hygiène de la respiration

Système nerveux. — LES CENTRES RESPIRATOIRES : centre bulbaire situé au voisinage du point de départ des pneumogastriques ; sa destruction arrête la respiration. Son excitation est due à l'accumulation du gaz carbonique dans le sang, qui excite directement le centre. D'autres excitations périphériques interviennent apportées par le pneumogastrique (p. ex. distension des alvéoles), par d'autres nerfs sensitifs (excitation de la peau). L'action volontaire des hémisphères est assez limitée. Les ordres moteurs sont transmis par les nerfs rachidiens dorsaux, le nerf phrénique, le nerf spinal, etc.

Hygiène respiratoire. — L'AIR NORMAL : 79 0/0 d'azote, 21 0/0 d'oxygène, 0,04 0/0 de CO^2, vapeur d'eau, pression : 760 mm.

L'AIR VICIÉ : 1° Air confiné, O diminue, CO^2 augmente, des gaz variés peuvent s'introduire : CO^2, H^2S, CO.

2° Des poussières minérales, des fumées, des germes vivants (bactéries, spores de champignons, etc.) peuvent s'ajouter.

L'ASPHYXIE : 1° *Par l'air confiné* : parfois asphyxie aiguë avec agitation, délire. Asphyxie chronique lente mène à l'anémie et à la tuberculose.

2° *Action des différents gaz toxiques* :

CO^2 : poison quand sa pression atteint 0,25 0/0 d'atmosphère ; son origine (combustions, respiration, etc.).

CO : toxique à dose très minime (0,00002 au plus dans l'air), se combine à l'hémoglobine formant la carboxyhémoglobine, non dissociable dans les poumons. Son action équivaut à la destruction de nombreux globules rouges. Lutte par des inhalations d'oxygène contenant un peu de CO^2. CO se décèle dans l'air par l'acide iodique ; son origine : combustion incomplète de C.

H^2S : action chimique, toxique, plomb des vidangeurs.

3° *Action des variations de pression* :

Excès : L'oxygène à 5 atmosphères (air sous 25 atm.), agit comme un poison strychnisant. La compression de l'air (3 à 4 atmosphères) lors des travaux hydrauliques détermine la dissolution dans le sang, d'une quantité notable de ce gaz, la décompression brusque en provoquant le dégagement rapide de l'air peut déterminer les embolies gazeuses.

Insuffisance : Si l'oxygène a une pression inférieure à 20 mm. (air : 100 mm.), l'oxyhémoglobine ne se forme plus ; pour des pressions supérieures, mais plus faibles que 760 mm. (hautes montagnes, p. ex.) le mal des montagnes peut se produire (diminution des globules rouges au début, quantité d'O dissoute insuffisante pour donner la part nécessaire aux cellules).

4° *Obstacles mécaniques* :

Pendaison, submersion (5 à 10'). Lutte par les mouvements respiratoires artificiels.

5° *Action des poussières et des germes vivants* :

Les poussières minérales (silex, calcaire, charbon) lèsent les muqueuses, les encrassent aussi ; elles facilitent l'action des germes pathogènes (tuberculose, diphtérie, pneumonie, etc.).

Vingt-cinquième leçon

LA CIRCULATION

Fonction de l'organisme assurant la répartition des aliments, l'enlèvement des déchets.

L'appareil circulatoire

Constitué par le cœur et les vaisseaux sanguins (artères, veines, capillaires).

Le Cœur. — Placé dans la cage thoracique, forme d'un cône ; la pointe inférieure repose sur le diaphragme ; poids : 280 gr. ; enveloppé d'une séreuse : le péricarde avec liquide.

STRUCTURE INTERNE : 4 cavités : 2 oreillettes supérieures petites, 2 ventricules inférieurs développés, surtout le gauche. Parois ventriculaires épaisses, auriculaires minces. Valvules auriculo-ventriculaires droite (tricuspide) et gauche (mitrale), cordes tendineuses fixée au colonnes charnues ventriculaires empêchent le rebroussement des valvules vers le haut. LES VAISSEAUX DU CŒUR : aorte (v. g) et artère pulmonaire (v. d.) avec valvules sigmoïdes au départ ; veines caves (o. d.) et 4 veines pulmonaires (o. g.). Le muscle cardiaque est formé de fibres rouges ramifiées, à un noyau, involontaires ; il est recouvert intérieurement de l'endocarde, assise de cellules aplaties.

Les Artères. — Vaisseaux partant du cœur, couleur jaune pâle, très élastiques. Leur paroi comprend : tunique externe conjonctive avec vaisseaux capillaires nutritifs, tunique moyenne surtout élastique avec quelques fibres musculaires, tunique interne ou endothélium à une épaisseur de cellules. Artériosclérose et anévrismes. Dans les artérioles, les fibres élastiques deviennent peu nombreuses; dans les capillaires, l'endothélium existe seul, leur diamètre = 5 à 10 µ.

SYSTÈME ARTÉRIEL : les artères sont profondes, exception : artères radiale et temporale.

Les Veines. — Vaisseaux arrivant au cœur, aux parois minces, molles et rouges. Leur paroi : tunique externe, conjonctive, nourricière ; tunique moyenne à fibres musculaires nombreuses, fibres élastiques rares, endothélium interne. Dans les veines des membres, existence des valvules s'ouvrant dans la direction du cœur. Varices. Les veines sont assez souvent superficielles, mais les gros troncs veineux sont profonds.

SYSTÈME VEINEUX : noter la présence du système capillaire porte du foie.

Le système lymphatique. — Formé de capillaires extrêmement nombreux se réunissant finalement en vaisseaux plus gros qui aboutissent au système veineux. Il existe un réseau lymphatique superficiel, un réseau profond ; les deux vaisseaux collecteurs sont : 1° la *grande veine lymphatique*, courte, recueillant la lymphe de la moitié droite et supérieure du corps, elle débouche dans la veine sous-clavière droite ; 2° le *canal thoracique* partant de la citerne de Pecquet (région abdominale) et remontant jusqu'à la veine cave supérieure ; il recueille la lymphe de tout le reste du corps (en particulier le contenu des chylifères).

STRUCTURE : analogue à celle des veines, diamètre maximum : 2 mm. transparents ; ils possèdent des valvules fortement marquées et des ganglions nombreux, formés d'un réseau conjonctif dont les mailles renferment de nombreux globules blancs (lieu de multiplication active).

Vingt-sixième leçon

LA CIRCULATION (suite)

Le sang

Définition. — Milieu intérieur où vit l'organisme, grâce auquel celui-ci effectue ses échanges avec le milieu extérieur.

Caractères. — Liquide légèrement visqueux, rouge sombre (sang veineux) ou rouge vermeil (sang artériel), opaque ; odeur et saveur fades, réaction alcaline, d = 1,05, quantité : 5 l.

Constitution. — Examen microscopique d'une goutte : plasma liquide et cellules ou globules (blancs et rouges).

GLOBULES ROUGES : disques biconcaves de 7×1 μ ; 5 millions par mm^3, variations de ce nombre : diminution (anémie, cancer), augmentation (altitude). Composition : charpente protéique avec hémoglobine et sels (chlorure et phosphate de K) ; pas de noyau.

Centrifugation des globules dans l'eau salée à 3 pour 1.000, les décolore totalement, de même l'éther, les acides dilués, etc. ; hémoglobine et oxyhémoglobine sont ainsi extraites. L'oxyhémoglobine est stable à l'air, cristallisable, spectre : 2 bandes, une vers le D, étroite, une vers E, large. L'oxyhémoglobine contient un peu de fer, elle se dissocie en oxygène et hémoglobine. L'hémoglobine s'obtient en réduisant l'oxyhémoglobine par Am^2S, spectre : 1 bande dite de Stokes entre D et E ; se combine facilement avec O, CO (carboxyhémoglobine non dissociable, spectre : 2 raies).

GLOBULES BLANCS : aspect amœboïde, avec noyau lobé, incolore. Nombre : 1 pour 350 à 500 globules rouges. Composition : albuminoïde, riches en diastases, lipase, amylase, diastases protéolytiques, ferment de la fibrine.

LE PLASMA : Liquide interglobulaire jaune verdâtre, alcalin, renfermant des albumines variées (37 gr.) du fibrinogène, du glucose, de l'urée, des savons, des graisses, des matières minérales (NaCl : 5 gr., CO^3Na^2, KCl, sels de chaux), des gaz (CO^2 dissous ou combiné (8 gr.) aux sels : bicarbonates, phosphocarbonates, N), au total 60 cm^3 pour 100 gr. de sang.

Coagulation du sang. — Coagulation spontanée à l'air : sérum, caillot (fibrine et globules), couenne (globules blancs). La fibrine seule peut s'obtenir en battant le sang avec un petit balai. Causes de la coagulation : fibrinogène transformé en fibrine insoluble grâce à l'intervention d'une diastase, des sels de Ca du sang, de l'O de l'air. Accélérateurs : antipyrine, perchlorure de fer. Coagulation intérieure : embolies.

Rôles du sang. — 1° RÔLE NUTRITIF : nourricier, le plasma porte les aliments, les globules rouges portent O ; éliminateur : urée, acide urique, CO^2 sont enlevés par le sang.

2° RÔLE DE DÉFENSE : coagulation arrête les hémorragies.

Phagocytose : par les globules blancs (grands mononucléaires) chimiotactisme (attirés par les toxines microbiennes), diapédèse permettant le transport de globules aux lieux attaqués, phagocytose par sécrétion d'antitoxines et de diastases.

Action cytolytique (destruction des cellules par le plasma).

La lymphe

Plasma et globules blancs ; liquide occupant tous les espaces de tissus, 1/4 du poids du corps. Origine : plasma sanguin ayant filtré, globules blancs, sécrétion des parois des capillaires ? Composition : celle du plasma sanguin, mais traces d'O seulement ; coagulation plus lente. Rôle : nutrition cellulaire directe ; défense de l'organisme par phagocytose et sécrétion d'antitoxines, l'introduction de microbes dans les vaisseaux lymphatiques détermine une multiplication active des cellules et l'hypertrophie des ganglions.

Vingt-septième leçon

LA CIRCULATION (fin)

Le mécanisme de la circulation

Schéma général. — Aorte, système artériel, système veineux, veines caves, oreillette droite, ventricule droit, artères pulmonaires, poumons, veines pulmonaires, oreillette gauche, ventricule gauche. Grande circulation et petite circulation dite pulmonaire.

Circulation cardiaque. — Observation du cœur d'un animal (grenouille, poulet) : contraction des 2 oreillettes ou systole, ouverture des valvules, contraction des 2 ventricules (systole), départ du sang dans les artères (rôle des valvules sigmoïdes), diastole ou repos général du cœur. Etude exacte par le cardiographe ; durées : systole auriculaire : 0"08, systole ventriculaire : 0"4, diastole générale : 0"4. — Nombre de battements : 70 à 75. Battements ou *chocs* du cœur : pression de la pointe ventriculaire contre la paroi thoracique (5-6e côte). *Bruits du cœur* : fermeture des valvules auriculoventriculaires (1er bruit), des valvules sigmoïdes (2e bruit), souffles dus à l'altération des valvules.

Circulation artérielle. — Poussée ventriculaire initiale (15-18 cm. de Hg à l'aorte), élasticité artérielle qui active le cheminement ; dans les artérioles les contractions des fibres musculaires déterminent la progression. Effets régulateurs de l'élasticité artérielle sur le cours du sang et son débit (expérience de Marcy). TENSION OU PRESSION ARTÉRIELLE : 15 à 18 cm. à l'origine de l'aorte, diminution progressive jusqu'aux artérioles ; mesurée à l'artère radicale sa valeur normale est donnée par le chiffre des dizaines correspondant à l'âge, ajouté à l'unité (30 à 40 ans : 13, 40 à 50 ans : 14, etc.). Valeur minima (6,5). Hypertension dans l'artério-sclérose, hypotension dans l'action des toxines. POULS ARTÉRIEL : dû au choc du sang ventriculaire contre le sang aortique ; l'onde engendrée se propage à la vitesse de 9 m. par seconde, soulève la paroi artérielle, perçue à l'artère radiale.

Circulation dans les capillaires. — Très lente (1 à 2 mm. par seconde), permet les échanges avec les tissus, passage des globules un à un (observation sur la langue de grenouille).

Circulation veineuse. — Produite sous diverses influences : poussée ventriculaire, aspiration des oreillettes, aspiration thoracique lors de l'inspiration; contractions musculaires et valvules dans les veines des membres.

Lois générales de la circulation. — Loi des vitesses, réglée par la disposition en double cône du système circulatoire. Loi des pressions, décroissance régulière de l'aorte (15-16 cm.) à la veine cave inférieure (pression nulle).

Système nerveux et circulation. — Le cœur possède un système nerveux propre automoteur (système sympathique) assez diffus chez l'homme ; mais le rythme des contractions cardiaques est modifiable : nerf modérateur : pneumogastrique, nerf accélérateur : fibres sympathiques. Le centre nerveux correspondant à ces nerfs se trouve dans la région bulbaire. Les circulations locales sont réglées par l'action des centres vaso-constricteurs et vaso-dilatateurs bulbaires (plancher du 4e ventricule), transmise par les nerfs sympathiques correspondants.

Vingt-huitième leçon

IMMUNITE, VACCINATION, SEROTHERAPIE

Pouvoir cytolytique du plasma

1° **Pouvoir globulicide.** — *a*) NATUREL : sérum sanguin du chien détruit les globules de l'homme, du cheval, etc. ; en particulier, le sérum détruit les mouvements amœboïdes des globules blancs étrangers, puis tue les globules ;

b) ACQUIS : sérum sanguin du cobaye n'a aucune action sur les globules du lapin, mais si on injecte dans le péritoine d'un cobaye, du sang de lapin, le sérum du cobaye devient globulicide pour le sang de lapin.

2° **Pouvoir microbicide.** — *a*) NATUREL : digestion par le sérum du chien des cellules typhiques ;

b) ACQUIS : le sang d'un typhique a acquis des propriétés spéciales vis-à-vis des bacilles typhiques, en effet son sérum agité avec des bacilles typhiques les agglomère et les tue (agglutination caractéristique du sérodiagnostic de Widal) ; avec le sérum d'un sang normal, pas d'action.

3° **Immunisation.** — Les microbes pathogènes sont les agents des maladies contagieuses (Pasteur). La réceptivité des organismes à ces microbes est variable : ainsi les bovidés, les chevaux, le cobaye contractent invariablement le charbon : réceptivité parfaite. Les moutons algériens ne le contractent pas tous ; réceptivité moyenne ; les carnassiers le prennent très peu : réceptivité faible ; les poules, les reptiles présentent une réceptivité nulle, ils ont l'immunité naturelle.
L'immunité peut être acquise : un mouton guéri du charbon résiste ensuite à toutes les injections de microbes virulents.
L'immunité peut être conférée expérimentalement par la vaccination.

4° **La vaccination.** — Pasteur a donné les principes de la vaccination scientifique par son étude du charbon.

1° Atténuation du virus : culture de bacilles charbonneux devient inoffensive par chauffage à 42° ; la virulence est atténuée.

2° Inoculation du microbe atténué confère au mouton l'immunité. L'atténuation peut être déterminée par des procédés variés : vaccin antityphoïdique (éther, crésyl), vaccin antirabique (dessication), vaccin antidiphtérique (formol).

MÉCANISME DE L'IMMUNISATION : le plasma produit dès l'entrée du microbe des antitoxines qui persistent et donnent l'immunité ; si le microbe virulent pénètre, les antitoxines neutralisent les premières toxines sécrétées, les globules blancs, le plasma détruisent le microbe attaqué.

Sérothérapie. — Découverte par Richet (1880) avec le staphylocoque pyoseptique. Ce bacille tue les lapins, le chien est réfractaire, l'injection de sérum de chien au lapin l'immunise. Application à la diphtérie (Roux, Behring), atténuation de la toxine diphtérique par I Cl[n], injection au cheval de doses croissantes et de plus en plus virulentes (0 cm³ 25 à 250 cm³). Les antitoxines s'accumulent, permettent la résistance aux inoculations progressives et persistent dans le sang du cheval. Le sérum du cheval contient les antitoxines, injecté à temps il guérit. (Sérums antidiphtérique, antitétanique, antipesteux, anticharbonneux, etc.).
En résumé, le vaccin met l'organisme en état de fabriquer les antitoxines, le sérum donne à l'organisme des antitoxines toutes préparées.

Vingt-neuvième leçon

LA SECRETION

Elaboration par les cellules glandulaires de produits, soit rejetés à l'extérieur (produits d'excrétion : urine, sueur), soit rejetés dans le sang et agissant considérablement sur les fonctions de l'organisme (sécrétions internes).

Les Sécrétions internes

Les sécrétions internes sont élaborées par les glandes closes ou endocrines, constituées essentiellement par des cellules glandulaires et un réseau capillaire sanguin bien développé, pas de conduits d'excrétion.

Principales glandes endocrines et leur secrétion :

1° **Thyroïde.** — Placée sous le cartilage thyroïde du larynx, forme en croissant, poids : 25 gr. Sécrétion renfermant I et As. Insuffisance de fonctionnement(cas du goître, p. ex.) détermine : infantilisme persistant, faiblesse musculaire et intellectuelle, bouffissure de la peau, rachitisme, nanisme.

2° **Parathyroïdes.** — 2 paires, latérales à la thyroïde, grosseur d'un pois. Destruction : tétanos mortel. Sécrétion inconnue ; rôle antitoxique ?

3° **Thymus.** — 2 lobes parallèles le long de la trachée, poids de 3 à 20 gr., disparaissant vers 12 ans, production de globules blancs et rouges. Insuffisance : rachitisme, faiblesse, idiotie.

4° **Hypophyse.** — Fixée à la face inférieure du cerveau, sur le sphénoide, poids : 0 gr. 6. Insuffisance : rachitisme, nanisme, obésité, apathie ; hyperfonctionnement : hypertension artérielle, gigantisme avec acromégalie (développement exagéré des extrémités). Sécrétion connue.

5° **Pancréas.** — Poids, 120 à 150 gr. ; îlots de Langerhans secrétant l'insuline. Insuffisance : diabète sucré avec amaigrissement et mort.

6° **Capsules surrénales.** — Coiffent les reins, poids : 4 gr. Sécrétion bien connue et obtenue par synthèse : l'adrénaline (0 mmgr. 001 par litre de sang). Hyperfonctionnement : action vaso-constrictrice, élévation de la tension artérielle, excitation générale du sympathique : diabète. Insuffisance : paralysie musculaire, ralentissement du cœur, pigmentation bronzée et desséchement de la peau (maladie d'Addison) ; chute des poils. Intoxication générale.

7° **Rate.** — Placée à gauche de l'estomac, vers les 10-11 côtes ; 10 × 4 cm., rouge violacée, 210 gr., formée d'une enveloppe conjonctive avec cloisons internes remplies d'une pulpe riche en globules sanguins. Rôle : régulateur de la circulation sanguine abdominale, producteur de globules, anti-infectieuse ; insuffisance : anémie, fatigue rapide.

8° **Mœlle osseuse.** — Productrice de globules, anti-infectieuse ; insuffisance : rachitisme aigu.

9° **Ganglions lymphatiques.** — Destructeurs des vieilles cellules et des globules blancs âgés, accélèrent la nutrition générale, sécréteurs de bactériolysine ; dégénérescence par hypertrophie (tumeurs froides, scrofules) ; insuffisance : rachitisme, apathie, végétations.

10° **Foie.** — (Voir la 30e leçon).

Trentième leçon

LA SECRETION (suite)

Le Foie

Structure. — Viscère abdominal, poids : 1 k. 550, forme irrégulière ; placé en haut et à gauche de l'abdomen, sa face supérieure est convexe, sa face inférieure concave présente 4 sillons disposés en H limitant les lobes (droit, gauche, carré, de Spiegel). Sillon transverse ou hile où aboutissent veine porte, artère hépatique, veines sus-hépatiques, canal hépatique. Une enveloppe conjonctive (membrane de Glisson) recouvre le foie, ses ramifications internes divisent l'organe en lobules de 1 mm. de diamètre. Le lobule hépatique : forme polyédrique avec réseau périphérique de capillaires portes et artériels pénétrant dans le lobule et se résolvant en une veinule centrale sus-hépatique. Les cellules du lobule sont disposées en rangées radiales, sans membrane, possédant 1 ou plusieurs noyaux, contenu granuleux (pigments, graisses, glycogène, etc.). Elles laissent entre elles des espaces formant les canalicules biliaires, se déversant tous dans un canal périlobulaire avec paroi. Une branche du nerf pneumogastrique, une ramification du plexus solaire sympathique vont au foie.

Fonctions du Foie. — Le foie est une glande à sécrétion externe par la fonction biliaire, il a de multiples rôles comme glande à sécrétion interne.

Sécrétion externe : fonction biliaire : La *bile :* liquide assez épais, muqueux, filant, à réaction alcaline, saveur amère, couleur jaune. Composition : eau : 975 gr., sels biliaires : glycocholate (6 gr.), taurocholate (3 gr.) de Potassium. Pigments : 5 gr., bilirubine et biliverdine à l'état de sels. Sels minéraux : 8 gr. : NaCl, sulfates, phosphates, produits organiques : lécithine, cholestérine, graisses. Origine : Les pigments biliaires viennent des pigments sanguins, les sels biliaires sont formés à partie d'acides aminés, etc. Rôle : sécrétion : 500 à 1.080 gr. par 24 heures, produit de déchet, antiseptique ? Rôle dans la digestion des graisses surtout : dissolvant les acides gras et savons, activant de la lipase.

Sécrétions internes : ont pour rôle général le maintien de la composition du sang, ces fonctions se classent en fonction de mise en réserve : f. glycogénique, f. martiale, fonctions de défense : uropoiétique, uricopoiétique, antitoxique. Fonctions sanguines proprement dites.

1. Fonction glycogénique : Cl. Bernard (1855) : mise en réserve du glucose de la digestion sous forme de glycogène, ce dernier pouvant être mobilisé à nouveau sous forme de glucose. Observations : Analyse du sang de la veine porte (0/0 variable de sucre) et de la veine sus-hépatique (0/0 constant, 1 gr. 5 par l.), le foie retient le sucre. Exp. du foie lavé : le foie fabrique le sucre. Origine du sucre : disparition des granulations de glycogène (coloration brune par I). Origine du glycogène : déshydratation diastasique du sucre, tranformation des albumines, ne vient pas des graisses. Transformation en glucose par hydratation. Action du système nerveux : excitation du 4e ventricule produit la glycosurie, transmise par nerfs sympathiques ; origine très variée des réflexes, action humorale aussi.

2. Fonction martiale : fer des globules rouges usés est mis en réserve. Réserve du foie des nouveaux nés, utilisée pendant l'alimentation lactée pour constituer de nouveaux globules.

3. Fonction adipogénique : mise en réserve des graisses ?, aucun rôle spécial du foie à ce point de vue, dans les oies engraissées le 0/0 de graisses dans les muscles = 21, dans le foie : 9.

4. Fonction uropoiétique : formation d'urée par le foie : preuves au moyen d'un sérum chargé de sels d'Am ; il ressort chargé en urée. Fistule d'Eck supprimant l'irrigation sanguine, diminution énorme de l'urée, troubles graves ; mêmes troubles par injection de Carbamate d'Am. Le foie fabrique aussi l'acide urique : f. uricopoiétique.

5. **Fonction antitoxique :** le foie arrête les alcaloïdes introduits par la digestion, de même les poisons minéraux (P, As, Sb), l'alcool, etc.

6. **Fonctions sanguines :** hématolyse (formation des pigments biliaires, f. martiale), fabrication de gl. rouges dans l'embryon ; formation du fibrinogène, etc.

Conclusion. — Laboratoire le plus important de l'organisme ; maladies souvent mortelles : cirrhose, diabète, ictère, calculs biliaires, etc.

Trente et unième leçon

LA SECRETION (fin)

L'excrétion : les reins, l'urine, la sueur

Définition. — Sous le nom d'excrétion on désigne le rejet de l'urine et de la sueur, principaux déchets de l'organisme. CO^2 produit de déchet est éliminé surtout par les poumons. Reins, glandes sudoripares et poumons sont les organes excréteurs essentiels.

Reins. — Organes abdominaux disposés dorsalement de chaque côté de la colonne vertébrale ; forme de haricot, couleur lie de vin, poids : 150 gr. ; le bord concave forme le hile ; les uretères en partent, arrivent dorsalement à la vessie : urèthre.

STRUCTURE : capsule fibreuse enveloppante. Coupe longitudinale : substance corticale externe, substance médullaire interne avec stries rayonnantes, avec au centre la cavité du bassinet origine de l'uretère. Sur le côté interne, la substance médullaire se termine par les sommets des 10 à 15 pyramides de Malpighi. Chaque sommet possède 15 à 30 orifices correspondant aux tubes urinifères. Un *tube urinifère* comprend : canal de Bellini, anse de Henle, tube de Ferrein, capsule de Bowman ; les cellules du tube de Ferrein et de l'anse de Henle sont grandes, arrondies, granuleuses.

Circulation rénale : artère rénale, artère interlobulaire, artère en arcade, glomérule de Malpighi, réseau de capillaires sur l'anse de Henle, veine interlobulaire, veine en arcade, veine rénale.

VESSIE : les uretères arrivent obliquement, obturés par la pression de l'urine ; sphincter à l'ouverture de l'urètre, s'ouvrant par action réflexe.

Physiologie du rein. — **L'urine :** liquide jaune ambré, odeur spéciale, saveur amère un peu salée, acide au tournesol, quantité : 1.200 à 1.500 cm^3 en 24 heures. Composition : eau (950 gr.) Substances organiques dissoutes : 30 gr. comprenant urée (25 à 30 gr.), acide urique ou urates (0,7), acide hippurique, pigments : urobiline. Sels dissous : 20 gr. formés de chlorures ($NaCl = 12$ gr., K, Ca, Mg), phosphates, carbonates, sulfates et sels d'acides sulfoconjugués (ac. phénylsulfurique p. ex).

L'urée provient du foie et des muscles (sels ammoniacaux, acides aminés), l'acide urique vient du foie (nucléoprotéides), l'urobiline vient de la bilirubine, les sels minéraux proviennent des aliments, les sels d'acides sufoconjugués ont leur origine dans les phénols : indol, scatol des fermentations intestinales. Urines pathologiques : albumine (réactif : NO^3H), mauvais état du rein ; glycose (liqueur de Fehling) : f. glycogénique mal assurée ; sang, bile ; calculs (urates extrêmement peu solubles, maladie de la gravelle, pierre ; phosphates, oxalates).

FORMATION DE L'URINE : filtration assez spéciale, la cellule rénale choisirait les substances, s'opposant au passage du sucre p. ex. L'urée se concentre dans le tube de Ferrein et l'anse de Henle (partie ascendante) avant de passer dans le canal. La filtration est accrue par la pression du sang, sa vitesse, diminuée par sa viscosité.

IMPORTANCE BIOLOGIQUE DE L'URINE : débarrasse le corps des substances toxiques (suppression de la sécrétion urinaire, détermine la mort : urémie) ; sa constance de composition correspond à celle des liquides intérieurs.

Glandes sudoripares et sueur. — Glandes très nombreuses (100 en moyenne par cm^2), sorte de tube urinifère long de 2 mm. Sueur : urine très diluée (eau : 990, NaCl : 5, urée : 1), production par actions réflexes (jusqu'à 10 l. par jour chez les moissonneurs), rôle d'excrétion, rôle régulateur de la température.

Trente-deuxième leçon

RATIONS ALIMENTAIRES

Les aliments nécessaires. — L'organisme élimine journellement 20 gr. d'azote (urée, acide urique, acides biliaires, etc.), les aliments azotés sont donc nécessaires. L'élimination de l'eau (2.500 gr.) et des sels minéraux (22 gr.) est continue, eau et sels sont nécessaires .Le gaz carbonique rejeté représente une perte de carbone (300 gr. par jour) que l'apport d'aliments organiques variés devra combler.

Ration d'entretien. — C'est la ration alimentaire maintenant l'équilibre nutritif, c'est-à-dire compensant gains et pertes. Elle ne peut être établie que pour des conditions bien déterminées (repos, travail), sur de longues périodes. Cette ration doit couvrir les dépenses d'énergie : 2.200 à 2.400 calories pour un adulte au repos ; une fois prise, le poids doit rester constant. Les variations les plus grandes de cette ration sont dues à l'âge et au travail musculaire. Pour un adulte au repos on admet en général que sa composition est la suivante : 80 gr. d'albumine (0 gr. 8 par kg. de poids et par jour), 70 gr. de graisses (maximum), 350 gr. d'hydrates de carbone, eau, sels minéraux. La ration doit comprendre aussi des aliments nervins (café, thé p. ex.), et des vitamines.

Minimum d'albumine : Un chien soumis au jeune protéique meurt ; il faut une ration minima qui équilibre pertes et gains, elle a été établie aux environs de 1 gr. par kg. et par jour, mais on a pu descendre à 20 gr. monter à 175 sans accident. Une quantité trop forte détermine l'accumulation de toxines.

Hydrates de Carbone et graisses : L'aliment azoté donne 15 0/0 environ de l'énergie nécessaire, le reste est fourni par les hydrates de carbone et les graisses. Une trop forte proportion de graisses détermine l'acétonurie, grave ; on fixe le maximum de graisses à 60-70 gr. par jour. Rien de fixé pour les hydrates de carbone. On admet un rapport $\frac{\text{albumine}}{\text{aliments ternaires}} = \frac{1}{4}$

Résultats pratiques. — On observe que chez l'homme qui travaille un supplément d'énergie parfois considérable est nécessaire, bucherons (6 à 7.000 calories). En outre : 1° la quantité d'albumine prise est supérieure à 80 gr., mais le rapport $\frac{\text{aliments ternaires}}{\text{albumine}}$ augmente ; 2° la quantité de graisses (lard) s'élève fortement chez les travailleurs manuels, compensant une absorption insuffisante d'hydrates de carbone ; 3° les hydrates de carbone représentent cependant les grands fournisseurs du travail musculaire.

Substitution des aliments organiques. — Au point de vue purement énergétique, les aliments peuvent se substituer totalement : 100 gr. de graisses sont équivalents à 230 gr. d'albumine ou d'hydrates de carbone ; ce sont des poids isodynames. L'isodynamie est exacte au point de vue énergétique, chez l'homme au repos, à une température extérieure, inférieure à 30° ; elle devient fausse dans le cas du travail ; en outre, elle ne peut s'appliquer du fait du minimum nécessaire d'albumine, du maximum de graisses.

Nécessité de certains aliments qualitatifs. — Certains acides aminés d'origine animale sont indispensables à la croissance : lysine des œufs, du lait ; d'autres le sont pour maintenir le poids du corps : tryptophane des œufs, de la viande. L'absence des vitamines (acides aminés ?), substances impondérables d'origine généralement végétale (fruits, graines, feuilles), parfois animale (beurre, huiles) détermine des accidents extrêmement graves : scorbut, béri-béri. Ce sont des aliments nécessaires.

Variations des rations avec l'âge. — Le lait est l'aliment des jeunes (jusqu'à un an), au-dessus de cet âge, les aliments végétaux (céréales) apportant le fer, les aliments animaux apportant les acides aminés doivent être ajoutés pour favoriser la croissance. Les vitamines doivent toujours être présentes.

Trente-troisième leçon

LA CHALEUR ANIMALE

Les Réserves

CHALEUR ANIMALE : Sources. — L'oxydation des aliments dégage de la chaleur ; par gramme, les hydrates de Carbone donnent 4 c., les albumines, 4 c., les graisses, 9 c. Les travaux musculaires internes (cœur, m. respiratoires) en donnent aussi.

Pertes. — Conduction, rayonnement, évaporation (poumons, sueur).

Mesure de l'énergie absorbée. — 1° Multiplier les poids en gr. d'aliments absorbés par le nombre respectif de calories provenant de leur combustion ; 2° $Q = N \times 3,4$; N = grammes d'O respiré ; 3° $Q = N' \times 2,9$; N' = grammes de CO^2 dégagé.

Mesure de la chaleur dégagée. — Par le calorimètre ; chaleur dégagée chez l'homme au repos : 2.260 calories (1.680 : chaleur rayonnée, chaleur des gaz émis ; 550 : chaleur de vaporisation de l'eau à la surface des poumons ; 30 : urine, excréments). La chaleur dégagée représente les 3/4 de l'énergie entrée, le reste est utilisé par les travaux internes (muscles, glandes).

Chez l'homme au travail, l'énergie mécanique s'accompagne d'un dégagement de chaleur supplémentaire ; sur 100 c, fournies, 20 à 30 seulement donnent du travail (travail moyen demande 2.400 cal. supplémentaires).

Lieux de production. — Tous les tissus, mais surtout ceux où les combustions sont actives : t. musculaire (1.600 c.), t. glandulaire (foie (370 c.), cœur : 70 c. T. nerveux : dégagement insignifiant.

Rôle. — Excitant nécessaire des fonctions en maintenant la température à 37°, condition de la vie.

LA TEMPERATURE. — L'homme, les mammifères, les oiseaux ont une température constante, pouvant varier de 5 à 6° au plus (types homéothermes). Reptiles, batraciens, poissons, invertébrés sont des hétérothermes à temp. variant avec celle du milieu externe.

Détermination. — Thermomètres médicaux, aiguilles thermoélectriques (donnant le 1/1000 de degré).

Résultats pour l'homme. — Temp. moyenne intérieure : 37°2 (estomac : 37°2, foie : 37°5, anus : 37°1, nez : 23° à 29°, pied : 32°, bouche : 36°7). Variations journalières : minimum la nuit, 36°5 environ ; maximum : l'après-midi, 37°4 ; relèvement léger après la digestion. Phénomènes inversés pour les travailleurs de nuit. Cas spécial des hibernants : marmotte, si la température extérieure descend à 10°, l'animal devient hétérotherme, si elle tombe au-dessous de zéro, l'animal meurt.

Régulation de la température. — 1° Lutte contre l'élévation : accroissement des pertes (transpiration, respiration accélérée : 170 chez le chien, vasodilatation superficielle, accroissement du coefficient de conductibilité de la peau. Si le mécanisme régulateur (centre bulbo-protubérantiel) est forcé, il y a accélération du cœur, convulsion, mort ; température extrême, 44°. 2° Lutte contre l'abaissement : plus facile, un bain froid à 7° est supporté longtemps ; moyens naturel de lutte : graisse, fourrures, vaso-constriction, diminution du coefficient de conductibilité, frissons musculaires ; moyens artificiels : vêtements diminuant rayonnement des 2/3, aliment gras, exercice, etc. Si le mécanisme est forcé, on observe le refroidissement de la peau, une diminution de la température centrale, puis une température centrale plus basse, mais constante, enfin une chûte finale.

Les Réserves nutritives

Mise en réserve des aliments après les repas, également quand l'utilisation est inférieure à l'apport.

Matières minérales. — Sels du plasma (chlorures, carbonates, sulfates, phosphates) et O des globules rouges.

Matières albuminoïdes. — Du plasma, de la lymphe, en somme très rares ; les excédents d'albumine sont généralement décomposés et la partie azotée éliminée (urée, ac. urique, ac. biliaires).

Hydrates de Carbone. — Glycogène, provenant du sucre, des albumines, fixé dans le foie et dans les muscles (150 à 200 gr.), disparaît si l'alimentation n'en donne plus les éléments ; utilisé (travail musculaire, lutte contre le froid).

Graisses. — Forme essentielle des réserves animales (tissu conjonctif souscutané, péritoine, foie, muscles). Origine : graisses alimentaires, albumines : peu, hydrates de Carbone surtout (engraissement des animaux) par les farines, pommes de terre, etc.). Utilisation : dans le travail musculaire, la lutte contre le froid ; disparition totale chez les hibernants (ours, marmotte, etc.) après le sommeil hivernal.

CAHORS, IMPRIMERIE COUESLANT (*personnel intéressé*). — 38.850

www.ingramcontent.com/pod-product-compliance
Ingram Content Group UK Ltd.
Pitfield, Milton Keynes, MK11 3LW, UK
UKHW022128260726
13993UKWH00003B/1295